QIYE YOUXIU BANZU ANQUAN JIANSHE FANGFA XILIE DUBEN

企业优秀班组安全建设方法系列读本

优秀班组劳动防护 与应急救护

韦建华 著

U0347409

中国劳动社会保障出版社

图书在版编目（CIP）数据

优秀班组劳动防护与应急救护/韦建华编著. —北京：中国劳动社会保障出版社，2013

（企业优秀班组安全建设方法系列读本）

ISBN 978-7-5167-0429-5

Ⅰ.①优… Ⅱ.①韦… Ⅲ.①生产小组-劳动保护-基本知识②生产小组-工伤事故-急救-基本知识 Ⅳ.①X9

中国版本图书馆 CIP 数据核字(2013)第 131124 号

中国劳动社会保障出版社出版发行

（北京市惠新东街 1 号 邮政编码：100029）

出 版 人：张梦欣

*

北京市艺辉印刷有限公司印刷装订 新华书店经销

787 毫米×1092 毫米 16 开本 13.5 印张 265 千字

2013 年 6 月第 1 版 2013 年 6 月第 1 次印刷

定价：**35.00 元**

读者服务部电话：(010) 64929211/64921644/84643933

发行部电话：(010) 64961894

出版社网址：http://www.class.com.cn

内 容 提 要

本书是企业实施生产班组安全管理的指导手册，是生产班组对班组作业人员进行劳动防护与应急救护培训、提升班组作业人员安全生产意识的指导用书。

本书以**漫画形式**介绍了班组劳动防护与应急救护的相关知识，全面阐述了劳动防护用品、劳动安全防护、劳动环境防护、女职工特殊防护、职业病防护、应急救护小组、应急救护预案、应急救护准备、应急救护流程、防护与救护改进等方面的内容，为班组开展安全生产管理工作提供了实用性很强的指导。

本书适合企业生产部管理人员、人力资源部或培训部人员、生产现场管理人员（班组长、线长、拉长、工段长等）以及生产管理领域的研究人员阅读和使用。

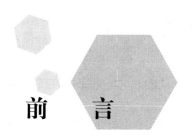

前　言

　　为了响应国务院安全生产委员会在全国组织开展**"安全生产月"**活动的号召，本着**"拿来即用"**的务实态度，"企业优秀班组安全建设方法系列读本"旨在解决企业及班组生产过程中出现的各种安全问题，帮助企业实现生产**"零事故、零伤害、零损失"**的目标。

　　"企业优秀班组安全建设方法系列读本"通过生动的漫画、趣味的讲解、形象的举例，全面地阐述了班组安全管理的实用知识与技巧，以帮助企业及班组加强安全生产文化建设，提高安全保障能力，有效防范和遏制安全事故的发生，促进安全生产形势的持续好转。

　　"企业优秀班组安全建设方法系列读本"依据"安全第一，预防为主，综合治理"的方针，通过安全生产禁令、反"三违"、劳动防护与应急救护、安全生产管理制度、安全生产工作方法、安全生产标准化建设等实用内容，为读者提供了全方位的安全生产工作指导和参考依据。

　　《优秀班组劳动防护与应急救护》是"企业优秀班组安全建设方法系列读本"之一。本书以优秀班组劳动防护与应急救护为主线，通过妙趣横生的漫画、准确到位的讲解，阐明了班组在劳动防护与应急救护过程中需要注意的事项，以帮助班组加强对劳动防护与应急救护的基础认识，提高员工安全生产知识水平。全书具有以下三大特点：

　　一、安全生产内容全面呈现

　　本书内容主要包括班组劳动防护和应急救护的相关知识，从劳动防护用品、劳动安全防护、劳动环境防护、女职工特殊防护、职业病防护、应急救护小组、应急救护员、应急救护准备、应急救护流程、防护与救护改进等方面，提出了生产企业在劳动防护与应急救护中需要注意的事项，详细地诠释了班组劳动防护与应急救护的主要内容。

　　二、漫画、精讲便于理解

　　本书以漫画的形式诠释了优秀班组劳动防护与应急救护的典型经验，这是本图书的最大特色。本书每一章都以漫画开篇，使班组作业人员在轻松和愉快的心态下阅读。另外，详细的知识结构也能帮助班组人员真正地理解劳动防护与应急救护相关的知识，加深对劳动防护与应急救护知识的记忆。

優秀班組勞動防護與應急救護

三、工具、知识便于使用

在用漫画、知识讲解告诉班组作业人员"怎样做什么"的同时，本书还告诉班组作业人员"应该怎么做"。我们对本书中各部分的内容都进行了"模板化"设计，为班组人员提供了有效的参考。各班组在工作中可以根据自己的实际情况灵活运用。

"企业优秀班组安全建设方法系列读本"适合生产企业的班组作业人员在生产操作中使用，也可作为生产企业进行安全教育的培训教材。

在本书的编写过程中，孙立宏、王淑燕、刘井学负责资料的收集和整理，王玉凤、廖应涵、王建霞、王影负责插图的设计，韩建国编写了第1章，王希跃编写了第2章，姚小凤编写了第3章，李育蔚编写了第4章，赵全梅编写了第5章，刘柏华编写了第6章，毕春月编写了第7章，王胜会编写了第8章，薛显东编写了第9章，陈永涛编写了第10章，全书由韦建华统撰定稿。

准正锐质生产管理咨询中心

2013 年 3 月

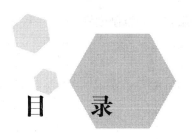

目　录

优秀班组的劳动用品防护

1.1 劳动防护用品领用与发放

1.1.1 漫画解说防护用品领用与发放

1.1.2　劳动防护用品配备管理标准

劳动防护用品是指员工在生产和工作中为了预防事故伤害或职业危害而穿戴和配备的各种物品的总称。为了遵守国家法律、法规和确保班组人员的安全，企业必须为员工配备劳动防护用品。

企业应参照国家标准 GB/T 11651—2008《个体防护装备选用规范》和《中华人民共和国工种分类目录》所规定的劳动防护用品配备标准进行配备。以上文件不但规定了各个工种必须配备的劳动防护用品，还规定了其具体的防护性能。部分典型工种的劳动防护用品配备标准见表1—1。

表1—1　　　　　　　　部分典型工种劳动防护用品配备标准

工种 ＼ 劳动防护用品	工作服	工作帽	工作鞋	劳动防护手套	防寒服	雨衣	胶鞋	防护眼镜	防尘口罩	防毒护具	安全帽	安全带	护听器
电工	√	√	fzjy	jy	√	√					√		
电焊工	zr	zr	fz	√	√			hj					
热力运行工	zr	√	fz		√						√		
仪器调修工	√	√	fz	√									
电气操作工	√	√	fzjy	jy	√	√	jfjy					√	
安装起重工	√	√	fz	√	√	√	jf				√	√	
机车司机	√	√	√	√	√	√		√					
中小型机械操作工	√	√	fz	√	√	√	jf		√		√		

注：1. 表中"√"表示必须配备的防护用品。

2. 字母表示防护用品应具有的防护性能——fz 表示防砸（1—5级），jy 表示绝缘，zr 表示阻燃耐高温，hj 表示焊接护目，jf 表示胶面防砸。

1.1.3　劳动防护用品发放管理标准

使用劳动防护用品的企业或单位，应为班组人员免费发放符合国家标准的劳动防护用品。企业给班组人员发放劳动防护用品时，必须遵守的四个原则如图1—1所示。

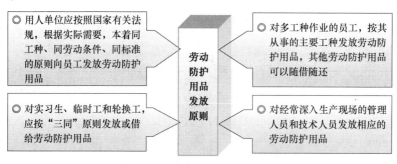

图 1—1　劳动防护用品发放原则

劳动防护用品主要包括防护服、防护手套、防护鞋、防护帽、防护面具、安全带等。企业应根据不同工种及其劳动条件，为员工发放相应的劳动防护用品，具体的发放范围如图 1—2 所示。

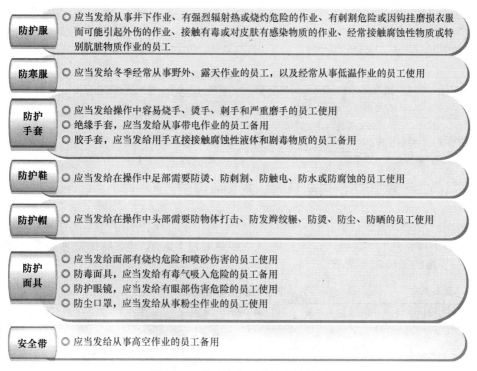

图 1—2　劳动防护用品的发放范围

1.1.4　劳动防护用品个人领用管理卡

员工在领用劳动防护用品时，应填写"劳动防护用品个人领用管理卡"，经部门负责人及上级部门审核签字后，可向劳动防护用品仓库管理人员领取劳动防护用品。"劳动防护用品个人领用管理卡"的模板示范见表 1—2。

表1—2   劳动防护用品个人领用管理卡

编号：   填表日期：   年　月　日

部门名称：   岗位名称：   领用人姓名：

序号	劳动防护用品名称	单位	数量	使用年限	领用日期	备注
1						
2						
3						
...						

部门负责人意见	审核意见： 　　　　　　　　　　　　　　　　签字（盖章）： 　　　　　　　　　　　　　　　　　　　年　月　日
主管部门 领导意见	审核意见： 　　　　　　　　　　　　　　　　签字（盖章）： 　　　　　　　　　　　　　　　　　　　年　月　日
仓储部意见	确认领取： 　　　　　　　　　　　　　　　　签字（盖章）： 　　　　　　　　　　　　　　　　　　　年　月　日

注：1. 本表一式四份，由领用人员、领用部门、主管部门、劳动防护用品仓储部存档。

2. 本卡中"岗位名称"为铆工、电焊工、气焊工、钳工、铸工、电工、锻压工、热处理工、机床工、轮辗工、搅拌工、喷漆工、熬沥青工、涂沥青工、推煤机司机、起重机司机、装卸搬运工、电瓶充电工、电瓶检修工、化验工等工种。

3. 应严格按照本企业劳动防护用品发放管理办法的要求，据实填写本卡。

1.1.5　劳动防护用品的修补及其他规定

除了关于劳动防护用品的配备、发放、领用等管理规定外，企业还应制定关于劳动防护用品的选用、仓储、保管、回收、修补、使用等其他方面的管理规定。规定的具体内容见表1—3。

表1—3   劳动防护用品其他管理规定

管理规定	具体内容
选用管理	1. 应根据国家标准、行业标准或地方标准选用劳动防护用品 2. 应根据生产作业环境、劳动强度及所接触到的有害因素的存在形式、性质、浓度和劳动防护用品的防护性能选用劳动防护用品 3. 企业应选用穿戴舒适方便，不影响员工工作效率的劳动防护用品
仓储管理	1. 劳动防护用品入库前，仓库保管员应严格按照物品的质量、数量、品种、外包装登记入库台账，办理交接手续，确保单据齐全，不合格品不得入库 2. 要合理有效地使用仓库空间，防护用品要按品种分类摆放，要绘制摆放位置图，并对日期、品种、规格、数量进行标记，并按入库出库数量及时更改防护用品台账 3. 全面掌握仓库所有防护用品的储存环境、堆层、搬运等情况

续表

管理规定	具体内容
保管、回收、修补管理	1. 从事有毒、有传染性、有放射性危害作业的员工防护服，须由公司集中洗涤或缝补 2. 个人保管、使用的劳动防护用品由个人负责使用、清洗、修补 3. 对回收的劳动防护用品，有利用价值的要清洗、修补，以备再用；没有利用价值的，由安全管理部门核准后定期销毁 4. 劳动防护用品使用期满后，经班组鉴定核实，可换发新的劳动防护用品，旧的劳动防护用品由安全专员进行回收处理
使用管理	1. 应为员工免费提供符合国家规定的劳动防护用品，不得以货币或其他物品代替应当配备的劳动防护用品 2. 劳动防护用品不准冒领、多领，不准转让，不准变卖，不准随意改变样式 3. 应到定点经营单位或生产企业采购劳动防护用品，劳动防护用品须具有"三证"（生产许可证、产品合格证和安全鉴定证），且经过本单位安全部门的验收 4. 应按照使用要求，在使用前对其防护性能进行相关检查 5. 应按照劳动防护用品的使用规则和防护要求，教育并培训员工，使其会检查劳动防护用品的可靠性，会正确使用劳动防护用品，会维护保养劳动防护用品

1.2　劳动防护用品穿戴与监督

1.2.1　漫画解说防护用品穿戴与监督

1.2.2 防护服穿着与监督管理规定

《中华人民共和国安全生产法》第 37 条明确规定："生产经营单位必须为从业人员提供符合国家标准或行业标准的劳动防护用品，并监督、教育从业人员按照使用规定佩戴、使用"。

在作业过程中，班组人员会穿防护服来避免生产过程中身体受到的机械、化学品灼烧腐蚀、烧烫、电流、放射线、微波等伤害。班组人员根据现场存在的危险因素选择质量可靠的防护服，如在易燃易爆场所应选用防静电服，在带电作业场所应选用绝缘服，在接触剧毒物质的作业场所应选用密闭式防毒服，在高温作业场所应选用高温工作服等。

另外，企业应检查班组人员是否正确穿着防护服。防护服穿着时的注意事项如图 1—3 所示。

图 1—3 防护服穿着注意事项

布制隔离衣的正确穿着顺序及方法如图 1—4 所示。

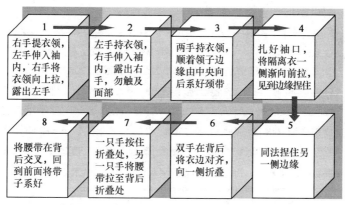

图 1—4　布制隔离衣的正确穿着顺序及方法

1.2.3　防护鞋、安全帽穿戴与监督规定

1. 防护鞋穿着的监督

安全防护鞋是防止班组人员在劳动过程中被有害物质和能量损害足部的护具。安全防护鞋主要有防油防护鞋、防砸防护鞋、防刺穿防护鞋、绝缘防护鞋、防滑防护鞋、焊接防护鞋、炼钢防护鞋等。

企业管理人员在监督检查班组人员安全防护鞋的穿着情况时，应特别提醒班组人员注意的事项如图 1—5 所示。

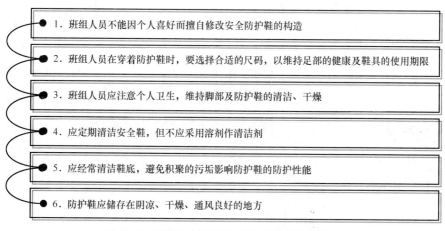

图 1—5　班组人员穿着安全防护鞋的注意事项

2. 安全帽佩戴的监督

安全帽是为有效保护班组人员的头部不受外来物体打击或其他因素危害而配备的防护用具。安全帽主要由帽壳、帽衬、下颊带和后箍组成，一般在建筑施工现场使用较多，是建筑工人的"安全三宝"之一。

企业管理人员在监督检查班组人员安全帽的佩戴情况时，应特别提醒班组人员注意的事项如图1—6所示。

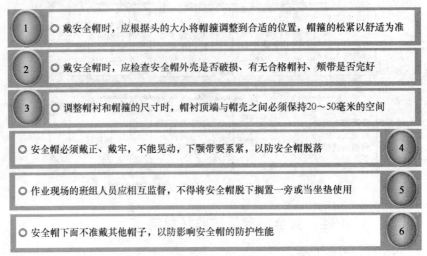

1 ◎ 戴安全帽时，应根据头的大小将帽箍调整到合适的位置，帽箍的松紧以舒适为准

2 ◎ 戴安全帽时，应检查安全帽外壳是否破损、有无合格帽衬、颊带是否完好

3 ◎ 调整帽衬和帽箍的尺寸时，帽衬顶端与帽壳之间必须保持20～50毫米的空间

◎ 安全帽必须戴正、戴牢，不能晃动，下颚带要系紧，以防安全帽脱落 4

◎ 作业现场的班组人员应相互监督，不得将安全帽脱下搁置一旁或当坐垫使用 5

◎ 安全帽下面不准戴其他帽子，以防影响安全帽的防护性能 6

图1—6 班组人员戴安全帽的注意事项

1.2.4 安全带、安全绳的使用规定

安全带、安全绳是为了保护班组人员从高处坠落的最常见的防护用品。班组人员在进行高处作业时，必须使用安全带、安全绳。

1. 使用的监督检查

企业应监督和检查班组人员是否正确使用安全带、安全绳。安全带、安全绳的正确使用方法如图1—7所示。

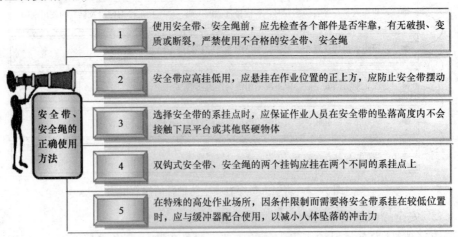

安全带、安全绳的正确使用方法

1 使用安全带、安全绳前，应先检查各个部件是否牢靠，有无破损、变质或断裂，严禁使用不合格的安全带、安全绳

2 安全带应高挂低用，应悬挂在作业位置的正上方，应防止安全带摆动

3 选择安全带的系挂点时，应保证作业人员在安全带的坠落高度内不会接触下层平台或其他坚硬物体

4 双钩式安全带、安全绳的两个挂钩应挂在两个不同的系挂点上

5 在特殊的高处作业场所，因条件限制而需要将安全带系挂在较低位置时，应与缓冲器配合使用，以减小人体坠落的冲击力

图1—7 安全带、安全绳的正确使用方法

2. 使用的注意事项

班组人员在进行高处作业时，为了更好地进行个体防护，减少因穿戴不规范

而引起的生产事故，需使用安全带、安全绳。班组人员使用安全带、安全绳时，需特别注意以下事项：

（1）班组人员在使用安全带、安全绳时，不能打结，不能任意拆卸各部件。

（2）安全带、安全绳应储藏在干燥、通风处，要避免接触低温、高温、明火、强酸和尖利的硬物。

（3）安全带、安全绳要保持干净，清洗时可放入温水用肥皂水轻擦，然后用清水漂净后晾干，晾晒时禁止在太阳下暴晒。

（4）安全带、安全绳自购买之日起 2 年内，应从同一批次中随机抽取 2 条，按照 GB 6095—2009《安全带》的要求进行测试。如测试不合格，则停止使用该批次。

（5）安全带、安全绳的使用期为 3～5 年，如发现异常，应提前报废。

（6）安全带、安全绳每半年至一年要试验一次，检查其主要部件是否损坏，如发现有破损、变质等情况，应及时向上级反映并停止使用，以保证班组人员的安全。

1.2.5　专项防护用品穿戴注意事项

防护服、防护鞋、安全帽、安全带都是作业中常用的劳动防护用品。除了这些劳动防护用品外，在特殊作业环境下，班组人员还应穿戴特殊的劳动防护用品，如防毒、防爆、防火、防雨、防冻等劳动防护用品。

以下我们将简单介绍一些在特殊作业环境下使用的劳动防护用品，如防护眼镜、防毒面具、防护耳塞、绝缘手套等专项防护用品。班组人员在穿戴专项防护用品时，需要注意的事项见表1—4。

表1—4　　　　　　　　　　专项防护用品穿戴注意事项

防护用品	注意事项
防护眼镜	◇ 防护眼镜适用于金属切割作业、混凝土凿毛作业、手提砂轮机作业等 ◇ 防护眼镜主要包括安全眼镜、通风式护目镜、密闭式护目镜和焊接护目镜 ◇ 防灰尘、烟雾及各种有轻微毒性、刺激性的气体的防护眼镜必须密封，遮边无通风孔，与面部接触严密，耐酸、耐碱
防毒面具	◇ 防毒面具使穿戴者的呼吸器官与周围大气隔离，通过肺部控制或借助机械力通过导气管引入清洁空气，供人体呼吸 ◇ 在使用防毒面具前，必须清楚作业环境中毒物性质的浓度和空气中的氧含量 ◇ 使用前应检查防毒面具，选择合适的防毒面具并正确佩戴，防毒面具应保持良好的气密状态 ◇ 检查导气管有无堵塞或破损、金属部件有无生锈或变形等情况 ◇ 在使用过程中，必须记录滤毒罐使用的时间、毒物的性质和浓度等
防护耳塞	◇ 使用防护耳塞前，双手要保持干净，取出一支耳塞，用一只手的食指和拇指将其搓细，另一只手将耳塞塞入耳中，耳塞在耳中要保证完全膨胀定型（大约保持 20 秒左右） ◇ 戴耳塞前，应向上、向外拉起耳朵 ◇ 应以旋转的方式，轻柔缓慢地塞入、取出耳塞，切忌猛塞猛拉 ◇ 反复使用的耳塞，每天用完后应清洗，清洗后应擦干或风干

续表

防护用品	注意事项
绝缘手套	◇ 根据作业场所电压的高低正确选用绝缘手套，检查绝缘手套表面有无裂痕、发黏、发脆等缺陷，并对其进行充气检验，若发现任何异常，应停止使用 ◇ 戴绝缘手套时，应将袖口套入手套内，且袖子不宜过长 ◇ 使用后，应将绝缘手套内外污垢清洗干净，干燥后撒上滑石粉，放置平整，储存在通风干燥处

1.3 劳动防护用品使用与更换

1.3.1 漫画解说防护用品使用与更换

1.3.2　劳动防护用品使用管理办法

生产企业的相关部门应根据劳动防护用品的相关法律、法规和不同岗位的工作条件、性质，建立健全劳动防护用品的使用管理办法，确保进入生产现场的工作人员佩戴满足工作要求的劳动防护用品，规范劳动防护用品的使用，保障作业人员的人身安全和健康，预防和减少职业病、工伤事故。劳动防护用品的使用要求如下：

1. 按照劳动防护用品的使用规则和防护要求培训班组人员，使其会检查劳动防护用品的可靠性，会正确使用劳动防护用品，会维护保养劳动防护用品。

2. 企业应为产生噪声、粉尘、有毒气体的部门配备防护耳罩及耳塞、防护鞋、防护眼镜、防护手套、防护服、防尘口罩和防毒面具。具体的使用期限规定如图 1—8 所示。

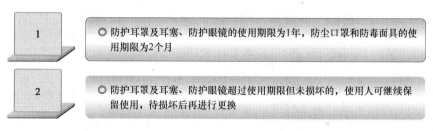

图 1—8　劳动防护用品的使用期限规定

3. 应正确使用防护耳罩及耳塞、防护眼镜、防尘口罩和防毒面具等劳动防护用品，杜绝违章使用劳动防护用品。

4. 班组人员应按照使用要求，在使用前对劳动防护用品的防护性能进行相关检查。

5. 班组人员必须在劳动防护用品的性能范围内使用，禁止用于超出其性能的操作。

6. 劳动防护用品应做好清洗、保养工作，以保持其正常使用状态。

7. 劳动防护用品在有效期内若发生丢失、人为损坏等现象，使用者应进行赔偿。

8. 班组人员离职时，必须上交劳动防护用品，并保存于所在部门。离职时未上交的，所在部门须承担新防护用品价值的 70%。

9. 企业的安全管理人员负责对现场班组人员劳动防护用品的佩戴情况进行监督检查，确保劳动防护用品的正确、规范使用。未按规定佩戴、使用劳动防护用品的，应对当事人罚款 50 元/次，直接主管负连带责任，罚款 30 元/次。

1.3.3 实习人员防护用品培训办法

在使用劳动防护用品前，企业应对新员工和实习人员进行相应的培训，将劳动防护用品的性能、用途、正确佩戴和使用的方法等重要内容作为对新员工和实习人员培训和考核的重点。

在对新员工和实习人员进行劳动防护用品的安全培训时，首先要讲解劳动防护用品的主要性能及用途；其次要讲解劳动防护用品的正确佩戴和使用方法。常见的劳动防护用品的主要性能及用途见表1—5。

表1—5　　　　　　　　　　常见的劳动防护用品的性能及用途

劳动防护用品	性能及用途	
安全帽	◆ 防止物体打击伤害 ◆ 防止机械性损伤	◆ 防止高处坠落伤害头部 ◆ 防止污染毛发伤害
防护眼镜	◆ 防止异物进入眼睛 ◆ 防止化学性物品的伤害	◆ 防止强光、紫外线和红外线的伤害 ◆ 防止微波、激光和电离辐射的伤害
防尘防毒面罩	◆ 防止生产性粉尘的危害 ◆ 防止生产过程中有害化学物质的伤害	
防护耳塞及耳罩	◆ 防止机械噪声的危害，如机械撞击、摩擦产生的噪声 ◆ 防止空气动力噪声的危害，如通风机、空气压缩机产生的噪声 ◆ 防止电磁噪声的危害，如发电机、变压器发出的噪声	
防护手套	◆ 防止高温、低温与火的伤害 ◆ 防止电、化学物质的伤害	◆ 防止电磁与电离辐射的伤害 ◆ 防止撞击、切割、擦伤、微生物侵害及感染
防护鞋	◆ 防止物体砸伤、刺伤和割伤的伤害 ◆ 防止酸碱性化学品伤害 ◆ 防止静电伤害	◆ 防止高低温伤害 ◆ 防止触电伤害

以上是常见的劳动防护用品的主要性能和用途，其正确佩戴及使用方法已在本节中进行了详细的说明，详细内容可见第1.2节。

1.3.4 防护用品自然磨损更换办法

为了规范劳动防护用品自然磨损更换管理工作，确保劳动防护用品的合理使用，保障班组人员在生产中的安全与健康，企业应制定劳动防护用品自然磨损更换、以旧换新的管理办法，以便更好地进行劳动防护用品的更换管理。

1. 更换条件

劳动防护用品的更换条件如下所示。

（1）外观的破损。班组人员每月要对自己部门所使用的劳动防护用品进行检查，对外观出现破损、脱落等现象并已无法使用的劳动防护用品，要在第一时间向安全管理部通报，并及时进行更换。

（2）使用性能不符合要求。安全管理人员要每月对所有的劳动防护用品的使用性能进行确认，如果发现有效期内的劳动防护用品的使用性能出现明显减弱的趋势，或者班组人员佩戴后出现明显的异味、咳嗽、刺激、恶心等不良感觉，要立即对劳动防护用品的使用性能进行确认，及时通知部门负责人，并提出劳动防护用品的更换申请。

（3）超过使用期限。在日常巡检中，安全管理人员如果发现劳动防护用品超过使用年限，要提醒班组人员立即提出劳动防护用品的更换申请。

2. 劳动防护用品更换处理

更换劳动防护用品时，班组人员应退回同规格、同品种、旧的劳动防护用品。对未交回旧的劳动防护用品的班组人员，可按照相应的劳动防护用品的价格进行处罚。特殊情况下需要先领用劳动防护用品的，领用人应提交书面说明，并在规定时间内交回旧的劳动防护用品。对交回损坏的劳动防护用品的班组人员，企业可根据劳动防护用品的损坏程度对其进行处罚。

劳动防护用品的处理主要包括回收再利用、报废处理两种，具体的处理规定如图1—9所示。

回收再利用
◎ 在领用新劳动防护用品时，领用部门应将质量或体积较小的劳动防护用品交由仓储部统一回收及分类
◎ 对于质量较大的劳动防护用品，应在统一的存放地点有序存放，并对其进行分类
◎ 由技术部和质量部对旧的劳动防护用品是否具有修复价值进行鉴定，视鉴定结果进行处理

报废处理
◎ 经鉴定不能修复利用的旧的劳动防护用品，由仓储部通知安全管理部进行报废处理
◎ 安全管理部在接到通知后，应在5个工作日内对旧的劳动防护用品进行报废处理

图1—9　劳动防护用品的处理规定

1.3.5　改变工种防护用品更换程序

班组人员改变工种后，可凭相关的凭证领取新的劳动防护用品。劳动防护用品发放人员应按照新工种的标准为班组人员发放新的劳动防护用品。班组人员在领取劳动防护用品时，应按规定将用过的劳动防护用品交回原部门劳动防护用品仓库。

班组人员在改变工种时，更换劳动防护用品的程序如图 1—10 所示。

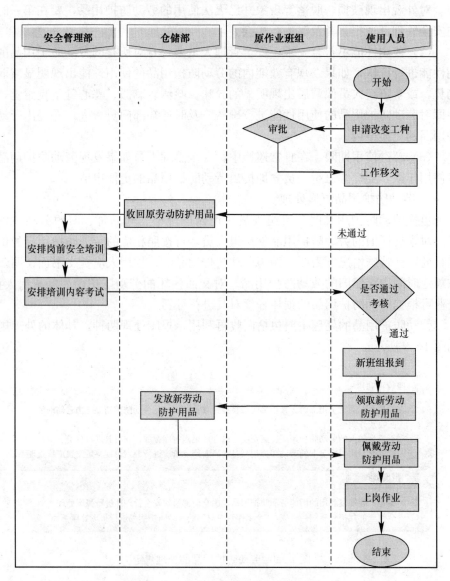

图 1—10　改变工种防护用品更换程序

1.4　劳动防护用品报废与考核

1.4.1　漫画解说劳动防护用品报废与考核

1.4.2　劳动防护用品赔偿管理办法

为了建立健全劳动防护用品管理制度，生产企业可根据《中华人民共和国安全生产法》《劳动防护用品监督管理规定》等法律法规的有关规定，制定劳动防护用品赔偿管理办法，防止劳动防护用品的保管不善和使用不当。

劳动防护用品赔偿管理办法的有关规定如图1—11所示。

劳动防护用品赔偿管理办法

1．班组人员领用的劳动防护用品，在规定的使用时间内遗失或损坏的，必须由本人提出申请，经本部门负责人确认、生产部审批后，方可补发。

2．特种劳动防护用品在规定的使用期限内遗失或损坏、需重新领用的，必须经部门负责人签字确认、生产部审批后，方可补发。

3．遗失或损坏劳动防护用品的赔偿款，应按使用期折算，作价赔偿。作价赔偿的计算公式如下所示。

$$赔偿金额=\frac{规定使用时间-已使用时间}{规定使用时间}×采购价格×80\%$$

4．遗失或损坏集体借用的劳动防护用品的，必须经本部门负责人确认、生产部审批后，根据劳动防护用品的新旧程度，按原价的40%～100%赔偿。

5．无故不还或故意损坏劳动防护用品的，应按原价赔偿。

6．班组人员故意损坏或变卖劳动防护用品而获利的，一经查实，视情节轻重，除按原价赔偿外，还将给予相应的行政处罚。

7．因抢修、抢险、救灾等特殊情况遗失或损坏劳动防护用品的，经本部门负责人确认、生产部审批后，予以报损，不作赔偿。

图1—11　劳动防护用品赔偿管理办法

1.4.3　劳动防护用品损坏报废考核办法

为了规范企业班组人员劳动防护用品的使用，防止劳动防护用品在规定使用期限内出现故意损坏、故意报废等情况，企业应制定劳动防护用品损坏报废的考核办法。劳动防护用品损害报废的考核量表见表1—6。

企业班组人员如出现故意损坏、故意报废等情况，相关部门应根据情节轻重进行处罚，班组人员应按进价赔偿。

表1—6　　　　　　　　劳动防护用品损坏报废考核量表

指标名称	权重	指标说明及考核标准	得分
劳动防护用品正确使用率	15%	1. 劳动防护用品正确使用率=$\frac{劳动防护用品正确使用次数}{劳动防护用品使用总次数}×100\%$ 2. 劳动防护用品正确使用率目标值为＿＿＿%；每减少＿＿＿个百分点，该项扣＿＿＿分；目标值低于＿＿＿%，该项得0分	
劳动防护用品申领次数	15%	1. 考核期内，劳动防护用品申领次数在＿＿＿次以下 2. 考核期内，目标值为＿＿＿次；每增加＿＿＿次，扣＿＿＿分；目标值高于＿＿＿次，该项得0分	

续表

指标名称	权重	指标说明及考核标准	得分
劳动防护用品役龄新度	15%	1. 劳动防护用品役龄新度 $=\dfrac{劳动防护用品规定使用年限-劳动防护用品役龄}{劳动防护用品规定使用年限}\times100\%$ 2. 劳动防护用品役龄新度目标值为____%；每减少____个百分点，该项扣____分；目标值低于____%，该项得 0 分	
劳动防护用品修复率	15%	1. 劳动防护用品修复率 $=\dfrac{劳动防护用品修复完成次数}{劳动防护用品损坏次数}\times100\%$ 2. 劳动防护用品修复率目标值为____%；每减少____个百分点，该项扣____分；目标值低于____%，该项得 0 分	
劳动防护用品保养计划完成率	20%	1. 劳动防护用品保养计划完成率 $=\dfrac{完成日常保养的劳动防护用品次数}{使用劳动防护用品的次数}\times100\%$ 2. 劳动防护用品保养计划完成率目标值为____%；每减少____个百分点，该项扣____分；目标值低于____%，该项得 0 分	
劳动防护用品修复费用率	20%	1. 劳动防护用品修复费用率 $=\dfrac{劳动防护用品修复费用}{年平均劳动防护用品资产值}\times100\%$ 2. 劳动防护用品修复费用率目标值为____%；每减少____个百分点，该项扣____分；目标值低于____%，该项得 0 分	

1.4.4　未到期劳动防护用品报废确认程序

未到期劳动防护用品是指劳动防护用品在使用过程中，因打击、碰撞、高温等情况，出现损坏、破裂、变形等隐患的劳动防护用品。为了加强企业未到期劳动防护用品的报废管理，避免不合理的报废处理方式，维护企业的安全与利益，企业应规范未到期劳动防护用品报废确认程序。未到期劳动防护用品报废确认的程序如下所示。

1. 班组人员发现未到期劳动防护用品出现异常情况时，应立即告知部门负责人，填写"劳动防护用品更换申领表"，经部门负责人检查确认后，将申领表提交给安全管理部。

2. 安全管理部在接受申领表后，需对要求报废的未到期的劳动防护用品做详细的检查，确定劳动防护用品是否能够继续使用。可批准班组人员更换未到期劳动防护用品，并将其进行报废处理的具体原因和条件如图 1—12 所示。

3. 经安全管理部检查完后，如发现未到期的劳动防护用品确实不合格，安全管理部应批准班组人员申领新的劳动防护用品，并在"劳动防护用品更换申领表"中签字确认。

造成报废的原因	报废的条件
◇ 劳动防护用品使用不当 ◇ 劳动防护用品保管、保养不当 ◇ 劳动防护用品受恶劣环境影响	◇ 劳动防护用品存在变质、失效等异常情况 ◇ 劳动防护用品发生损坏、破裂、变形等情况 ◇ 劳动防护用品性能不能达到防护要求

图1—12　未到期劳动防护用品的报废条件和原因

4."劳动防护用品更换申领表"经安全管理部签字确认后，劳动防护用品申领人员或部门代表可前往仓储部领取新的劳动防护用品。

5.在领取新的劳动防护用品时，劳动防护用品申领人员或部门代表需上交需报废的劳动防护用品，仓储部负责对其进行处理。"劳动防护用品更换申领表"一式三份，经仓储部签字确认后，由仓储部、安全管理部、申领人所在部门留存归档。

1.4.5　劳动防护用品报废更换申领表

在遇到生产安全事故时，班组人员的劳动防护用品报废、需要更换的，应填写"劳动防护用品报废更换申领表"，经部门负责人审核确认后，申领人可向仓储部领取劳动防护用品。"劳动防护用品报废更换申领表"样式见表1—7。

表1—7　　　　　　　　　劳动防护用品报废更换申领表

编号：　　　　　　　　　　　　　　　　　　　填表日期：　　年　月　日

申领人				班组（工种）			
申领防护用品明细	序号	防护用品名称	型号规格	申请数量	批准数量	使用说明	
更换原因	□ 正常使用造成损坏（以旧换新） □ 安全事故造成损坏（折价赔偿） □ 人为损坏（折价赔偿） □ 丢失（折价赔偿） □ 其他原因＿＿＿＿＿＿＿＿＿						
部门负责人意见	审核意见： 　　　　　　　　　　　签字（盖章）： 　　　　　　　　　　　　　　年　月　日						

续表

安全管理部意见	审核意见： 　　　　　　　　　　　　　　　签字（盖章）： 　　　　　　　　　　　　　　　　年　月　日
仓储部意见	更换情况： 　　　　　　　　　　　　　　　签字（盖章）： 　　　　　　　　　　　　　　　　年　月　日

更换人：　　　　　　　　　　　　　　领取人：

注：1."更换原因"一栏在相应的"□"内划"√"；正常使用造成损坏的必须以旧换新，人为损坏和丢失的一律折价赔偿，其他原因的需注明。

2."更换情况"一栏填写"已更换"或"未更换"，并注明原因。

第 2 章

优秀班组的劳动安全防护

2.1 优秀班组安全规章制度

2.1.1 漫画解说班组安全规章制度

2.1.2　安全生产体系制度

为了完善企业生产现场的安全生产管理，企业应建立健全安全生产体系制度。企业的安全生产体系制度主要包括安全生产保证体系、安全生产监督体系和安全生产评估体系。

1. 安全生产保证体系

安全生产保证体系是以安全生产为目的，按规定要求开展安全管理工作的一个系统整体，其主要内容包括组织结构形式、活动内容、过程控制，还包括配备必要的人员、资金、设施和设备等。

为适应市场经济的基本要求，规范生产现场的安全行为，企业需建立安全生产保证体系。该体系共有八个安全体系要素，分别是安全管理职责、安全教育和培训、劳动防护用品采购、现场安全控制、现场安全检验、事故隐患控制、纠正和预防措施、内部安全体系审核。

2. 安全生产监督体系

为了建立健全安全生产监督组织机构，形成完整的安全生产监督体系，并与安全保证体系共同保证安全生产目标的实现，企业应成立三级安全监督网络。企业安全生产监督体系一般由安全管理部门、车间安全专员和班组安全专员组成三级安全监督网络。

安全生产监督体系的主要功能是安全监督和安全管理，即运用行政的职权，对生产建设及运行全过程的人身和设备安全进行监督，协助领导做好安全管理工作，开展各项安全活动等。这一体系具有一定的权威性、公正性和强制性。

3. 安全生产评估体系

安全生产评估体系主要是对作业现场安全风险的管理。安全风险管理是对生产过程中存在的风险进行识别、估计、评价，从而控制这些风险，以实现改善安全生产环境、减少和杜绝安全生产事故的目标。

其中，风险是指危险、危害事件发生的可能性与后果严重程度的综合度量。而安全风险一般用风险率表示，风险率（R）等于事故发生概率（P）与事故损失严重程度（S）的乘积。其计算公式如下所示：

风险率（R）=事故发生概率（P）×事故损失严重程度（S）

$$=\frac{事故次数}{时间}\times\frac{事故损失}{事故次数}=\frac{事故损失}{时间}$$

2.1.3　安全管理操作规程

安全管理操作规程是指导班组人员进行作业，并保证作业过程安全的基础性文件。企业应严格制定安全管理操作规程，规范班组人员的安全操作行为，从而实现生产作业安全化。

1. 安全操作规程的编制

企业应编制实用的安全操作规程，实现班组作业的标准化，提高作业效率。安全操作规程的编制原则和内容具体如图2—1所示。

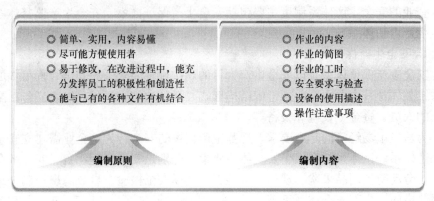

图2—1　安全操作规程的编制原则与内容

2. 安全操作规程的实施

生产现场实施安全操作规程时，应达到的基本要求如图2—2所示。

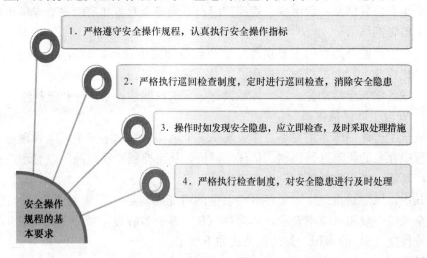

图2—2　安全操作规程的基本要求

2.1.4　设备维修管理制度

为了规范班组对设备维修的管理，确保班组的设备维修有章可循，延长设备的使用寿命，保证班组的持续生产能力，企业应制定有关设备维修的管理制度。设备维修的管理制度包括对小修、中修、大修三种维修类型的管理，同时还需对维修的实施过程进行说明。

1. 设备维修类型

设备维修是指由于正常或不正常的原因造成生产设备损坏或精度劣化，为使设备恢复原有的性能而采取的技术措施。根据设备维修范围的大小，可将设备维修分为小修、中修和大修三类，具体的维修类型说明如图 2—3 所示。

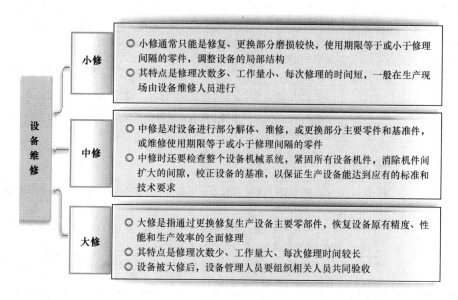

图 2—3 三类设备维修的说明图

2. 维修实施管理

在进行设备维修时，设备维修人员应先做好设备维修的准备工作，然后再按照设备维修计划实施设备维修工作。具体的准备工作及实施要求见表 2—1。

表 2—1 设备维修准备工作及实施要求

阶段		具体要求
准备工作	了解设备现状	设备维修人员在进行设备维修前，应掌握生产设备的具体劣化程度和设备的技术要求，准确把握设备的磨损程度及需要的更换件和修复件
	设备调查	设备维修人员在设备维修前应对将要维修的设备进行调查，对设备档案、设备操作情况、设备精度、设备磨损量、设备的状况进行检查
	编制维修技术文件	设备维修人员应根据调查了解的设备状况编制设备维修技术文件。设备维修技术文件的内容包括维修说明书和维修工艺说明
	准备物料、工具	在设备维修之前，设备维修人员应核对设备维修时所用到的物料、工具及零部件，并根据维修技术文件中的清单进行逐项核对，若班组无库存，应填写申购单并递交采购部，由采购部进行购买
	制订维修内容	设备维修人员应编制设备维修作业计划，详细说明设备维修的具体时间、参与人员、所需时间，维修的主要内容、次序，所使用的场地、仪器等

阶段		具体要求
实施过程	维修设备交接	生产设备的使用班组应在规定日期将设备移交给设备维修人员，并填写设备交修单，双方确认无误后再完成设备的交接
	维修场地准备	如果在生产现场进行维修，生产设备的使用班组在移交设备前应将生产现场清理干净，腾出维修所需要的场地，移走占地的成品与半成品
	准备配件	设备维修人员在检查设备后，应尽快提出需要进行临时加工的配件清单，并交由相关部门进行准备
	出具技术文件	设备检查中发现新问题时，设备维修人员应尽快出具设备维修的技术文件及工艺、质量要求，以方便设备的修理，保证设备维修的进度
	生产配件	对于班组能够生产的临时配件，班组应安排专人进行配件的生产，满足维修作业的需要
	调整生产	各生产班组应根据设备维修作业状况进行生产的调整，并积极配合维修作业，防止发生窝工、怠工现象
设备验收	维修检测验收	设备维修完毕后，维修人员应进行空转试验和精度检验的自测，发现问题应及时调整
	办理验收手续	设备维修验收通过后，维修人员应与生产班组办理设备交接手续，并填写设备维修报告并签字确认
	维修费用清算	设备维修完成后，设备维修人员应进行设备维修的财务核算，并报财务部进行相关的财务处理

2.1.5 安全防护管理制度

安全防护管理制度是企业班组人员的基本安全保护措施。为了避免企业班组人员的职业性伤害，企业的相关管理人员应制定安全防护管理制度，加强对一线班组人员的安全防护，加强职业病的防范与管理。

企业安全防护管理制度主要是针对安全生产的特点进行管理，主要包括安全教育、环境、技术和劳动防护用品等方面，具体内容如图 2—4 所示。

2.1.6 职业健康管理体系

职业健康管理体系是指为建立和实现职业健康安全方针和目标而制定的一系列相互联系、相互作用的要素。企业需建立职业健康管理体系制度，以保证企业员工的健康。

1. 职业健康管理体系要素

为了更好地理解职业健康管理体系要素间的联系，可将职业健康安全管理体系要素分为两大类，即核心要素和辅助性要素，如图 2—5 所示。

2. 建立体系的步骤

企业建立职业健康管理体系一般要经过学习与培训、制订工作计划、初始评

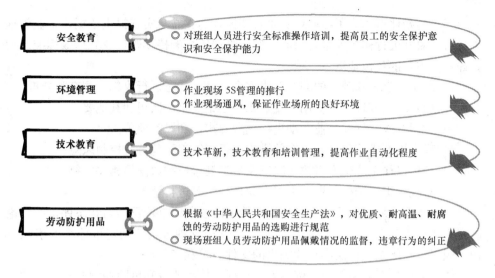

图 2—4　安全防护管理制度的内容

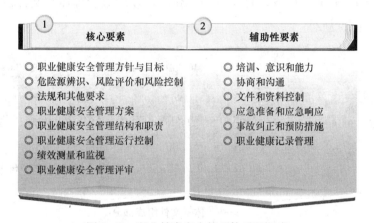

图 2—5　职业健康安全管理体系的要素

审、体系策划、体系试运行、内部评审、外部审核等基本步骤，具体步骤说明如下所示。

（1）学习与培训。学习与培训是开始建立职业健康管理体系时十分重要的工作，主要是由外部专家或咨询机构对企业管理层和专门推行小组成员进行职业健康管理标准培训。职业健康管理培训应分层次、分阶段进行，使被培训人员达到真正掌握职业健康管理体系基本内容、原理、原则等的目的。

（2）制订工作计划。建立职业健康管理体系是一项十分复杂和涉及面很广的工作，为了保证按期完成工作，必须制订详细的工作计划，并报企业最高管理层批准。通常情况下，建立职业健康管理体系需要 3 个月以上的时间，可以采用倒排时间表的方法制订计划。

（3）初始评审。为了给职业健康管理体系的建立与实施提供依据，企业管理人员需要对其进行初始评审，为职业健康管理体系的持续改进建立绩效标准。初始评审的主要内容包括以下六项。

1）对企业过去和现在的职业健康安全信息、状态进行收集、调查和分析。

2）识别和获取现有的适用于企业职业健康安全的法规和其他要求。

3）对现有或计划的作业活动进行危险源辨识和风险评价。

4）确定现有措施和计划采取的措施是否能够消除危害或控制风险。

5）分析以往企业生产事故情况以及员工健康监护数据等相关资料。

6）对现行组织结构、资源配置、职责分工等进行评价。

（4）体系策划。职业健康管理体系策划阶段主要是依据初始状态评审的结论制定职业健康安全方针、目标和职业健康安全管理方案，确定该体系的组织机构、职责以及体系文件层次结构提出的文件清单和资源等。

体系文件是企业实现职业健康安全目标、持续改进和风险控制必不可少的依据，用于指导职业健康管理体系各项工作。职业健康管理体系文件由三部分组成，如图2—6所示。

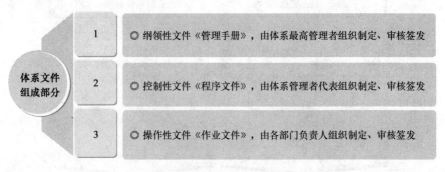

图2—6 体系文件组成部分

（5）体系试运行。各个部门和所有人员都应按照职业健康管理体系的要求开展相应的健康安全管理活动，对职业健康安全管理体系进行试运行，以在实践中检验体系的充分性、适用性和有效性。

（6）内部审核。内部审核是体系运行必不可少的环节。体系经过一段时间的试运行后，企业管理者代表应亲自组织相关人员或聘请外部专家进行内部审核，以判断体系文件是否完整、一致，审核体系功能是否适用、有效，检查体系文件是否按要求运作等。

在内部审核过程中，内部审核员应总结经验，查找不足，对能及时改进的责令限期整改，对不具备及时改进条件的提请外部评审会议审议待定。

（7）外部审核。外部审核即第三方审核，指认证机构对企业进行的审核，是以认证为目的的审核。第三方审核具有公正性、客观性，因此具有很强的可信度，能为受审企业提供相对比较客观的书面保证。

2.2　优秀班组安全教育培训

2.2.1　漫画解说班组安全教育培训

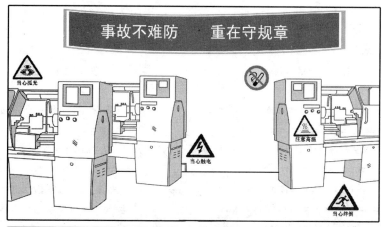

2.2.2　安全第一，预防为主

"安全第一，预防为主"是安全生产管理的基本方针的两大要项。企业应坚持"安全第一，预防为主"的方针，强化安全监督管理，加强安全生产培训，切实防止生产事故的发生，保护企业员工的人身、财产安全。

所谓"安全第一"，就是企业在生产经营中，在保证安全与实现生产经营目标的基础上，始终将安全，特别是从业人员和其他人员的人身安全，放在首要位置，实行"安全优先"的原则。

所谓"预防为主"，就是在尊重科学规律的前提下，生产企业安全生产的管理重点应放在制定、采取有效的控制措施和预防事故的发生上，而不是将重点放在发生事故后的抢救、调查、找原因、追责任上。

为了实现生产企业获得生产利益、作业人员获得劳动报酬的目标，企业必须保证生产安全，坚持"安全第一，预防为主"的方针。如果不能保证生产安全，人身伤亡或财产损失的事故时有发生，企业和作业人员的目标就难以实现。

生产企业为了从制度上保证"安全第一，预防为主"方针的落实，制定了安全管理的基本制度，如图2—7所示。

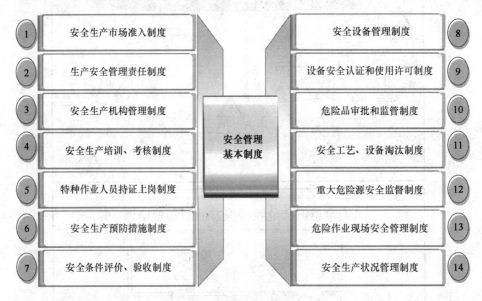

图2—7　安全管理的基本制度

2.2.3　进行安全意识培训

安全意识培训是班组安全教育的核心和前提条件。因为意识决定思维，思维决定行动，行动决定安全，所以安全教育首要解决的问题就是安全意识问题。

企业对班组人员进行安全意识培训，可帮助班组人员形成良好的工作素养，增强班组人员的安全生产意识和责任感，有效减少因主观因素引起的生产事故，降低生产事故损失。

企业在进行安全意识培训时，首先应让班组人员了解和掌握现场5S管理知识。5S是指整理、整顿、清扫、清洁、素养。班组人员对现场5S管理的内容有了一定的认识后，会增强自己的安全生产意识，养成安全生产作业习惯，具体介绍见表2—2。

表 2—2　　　　　　　　　　　现场 5S 管理基本情况介绍表

5S 内容	定义	目的
整理（Seiri）	把工作场所内不要的东西坚决清理掉	把多余的空间腾出来留作他用，创造一个整洁的工作场所
整顿（Setion）	把要用的东西，按规定位置摆放整齐，并做好标志和管理	随时方便取用，不用浪费时间找东西
清扫（Seiso）	使工作环境及设备、仪器、工具、材料等始终保持清洁的状态	清除脏污，保持工作环境的整洁干净
清洁（Seiketsu）	维持整理、整顿、清扫后的局面，并辅以一定的监督检查措施	通过制度化来维持成果，并显现"异常"所在
素养（Shitshke）	通过进行上述活动，让每个员工都自觉遵守各项规章制度，养成良好的工作习惯	养成良好习惯、创造良好的工作氛围

　　班组人员除了要了解现场 5S 管理的基本内容，还要了解现场 5S 与现场安全的关系。现场 5S 管理不仅可以稳定产品质量和提高生产效率，还可以防止生产事故的发生，保证现场安全。现场 5S 管理与现场安全的关系如图 2—8 所示。

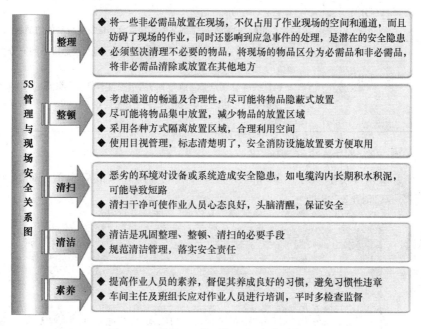

图 2—8　现场 5S 管理与现场安全关系图

2.2.4　进行事故演练培训

　　在生产作业中，由于生产事故往往突然发生，扰乱正常的生产、工作和生活秩序，如果事先没有进行事故应急演练的培训，班组人员会由于慌张、混乱而无法实施有效的抢救措施，导致事故的不断扩大。

为了帮助各级应急救援的指挥人员、抢险人员、班组人员了解应急救援的要求和自己的职责，熟练有效地开展应急救援工作，企业应定期进行事故演练培训，不断提高实战能力。

1. 了解事故应急演练类型

事故应急演练按照组织方式、演练内容、目的和作用，可将事故应急演练分为以下几种类型，具体内容见表2—3。

表2—3 事故应急演练的类型

分类标准	主要类型
按组织方式分类	1. 室内演练主要由救援指挥部、各相关部门和救援专业小组组成，在各级职能部门的统一领导下，按一定的目的和要求，以室内的形式，演练、实施应急救援任务 2. 现场演练即事故模拟实地演练，根据其任务要求和规模又可分为单项训练、部分演练和综合演练三种
按演练内容分类	1. 单项演练是指只涉及应急预案中特定应急响应或现场处置方案中的应急响应功能的演练活动 2. 综合演练是指涉及应急预案中多项或全部应急响应功能的演练活动
按演练目的和作用分类	1. 检验性演练是指为了检验应急预案的可行性及应急准备的充分性而组织的演练 2. 示范性演练是指为了向参观学习人员提供示范而组织的观摩性演练 3. 研究型演练是指为了研究突发事件应急处置方法和解决方案而组织的演练

2. 遵守事故应急演练规则

为了确保参与事故应急演练的人员和环境的安全，事故应急演练时需要遵循以下规定，如图2—9所示。

◎ 演练中必须有足够的安全监督措施

◎ 所有演练人员应遵守相关的法律法规，服从指令

◎ 参加演练的所有人员不能采取降低安全条件的行动，不得进入禁止进入的区域，不能接受不必要的危险，也不得使他人遭受危险

◎ 参加演练的人员不应承受极端的气候条件或污染水平，不应为了演练而污染环境或造成类型的危险

◎ 人员不得预先启动演练的应急响应设施，所有演练人员在演练前应处于正常的工作状态

○ 演练过程中如发现真正的紧急情况，应立刻停止演练，迅速通知所有人员从演练转到真正的应急救援

○ 除了演练方案或情景设计中列出的可模拟行动及指令外，演练人员应将演练事件或信息当作真实事件或信息并做出响应，应将模拟的危险条件当作真实情况并采取行动

○ 指挥人员应向演练人员提供相应的信息，演练人员可通过紧急信息获取了解必要的信息，演练中传递的所有信息必须具有明显标志

图 2—9　事故应急演练应遵循的内容

2.2.5　危险辨识教育培训

企业需要组织班组人员进行危险辨识方面的教育培训，帮助班组人员熟悉和掌握生产过程中常见的危险情况，及时、准确地掌握辨识危险的程序和方法，进而对其进行控制，避免企业生产事故的发生。

1. 掌握危险辨识方法

危险辨识的方法有很多，表 2—4 将详细介绍九种危险辨识的方法。这九种方法都有各自的特点，也有各自的适用范围和局限性。为了全面辨识危险，可综合运用两种或两种以上的方法。

表 2—4　　　　　　　　　　　　危险辨识的方法

方法	具体内容
询问、交谈	具有班组工作经验的人与班组中的相关人员进行交谈，然后凭借自己的经验指出其工作中的危害，从而初步分析出班组工作所存在的危险
现场观察	通过对班组现场的观察，可发现存在的危险。从事现场观察的人员，要具有安全技术知识并掌握完善的职业健康安全法规、标准
查阅记录	查阅班组的记录，如生产事故、职业病的记录，可从中发现存在的危险
获取外部信息	从其他班组的文献资料、专家咨询等方面获取有关危险的信息，加以分析研究，可辨识出本班组存在的危险
工作任务分析	通过分析班组人员工作任务中所涉及的危险，识别出相关的危险
安全检查表（SCL）	安全检查表是一种最早开发的、最基础、应用最广泛的危险源辨识方法。它运用一个编写好的安全检查表，对组织进行系统的安全检查，可辨识出存在的危险
危险与可操作性研究	危险与可操作性研究是一种对工艺过程中的危险实行严格审查和控制的技术。通过指导语句和标准格式寻找工艺偏差，以辨识系统存在的危险，并确定消除危险的对策
事件树分析（ETA）	事件树分析是一种从初始原因事件起，分析各环节事件"成功（正常）"或"失败（失效）"的发展变化过程，并预测各种可能结果的方法，即时序逻辑分析判断方法。应用这种方法，通过对系统各环节事件的分析，可辨识出系统的危险

2. 熟悉危险辨识程序

企业危险辨识是分析危险、建立分析指标、确定危险的过程，主要步骤有收集资料、明确分析对象、确定辨识范围、计算危险物品数量或危险场所能量、记录重大危险，具体的程序如图 2—10 所示。

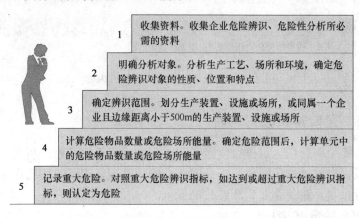

图 2—10　危险辨识程序

2.3　优秀班组安全技术

2.3.1　漫画解说班组安全技术

通知设备维修人员赶紧维修。

2.3.2　安全预防技术

安全预防技术是指企业安全预防基础知识和技能、安全预防设施的管理和使用等方面的技术。安全预防技术可以保护企业从业人员没有危险、不受伤害、不出事故，达到或实现企业安全目标的目的。

1. 安全预防技术类型

安全预防技术通常分为三类，即物理预防技术、电子预防技术和生物预防技术，具体内容如图 2—11 所示。

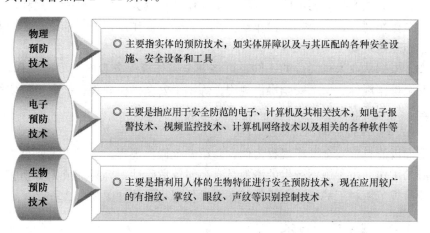

物理预防技术	◎ 主要指实体的预防技术，如实体屏障以及与其匹配的各种安全设施、安全设备和工具
电子预防技术	◎ 主要是指应用于安全防范的电子、计算机及其相关技术，如电子报警技术、视频监控技术、计算机网络技术以及相关的各种软件等
生物预防技术	◎ 主要是指利用人体的生物特征进行安全预防技术，现在应用较广的有指纹、掌纹、眼纹、声纹等识别控制技术

图 2—11　安全预防技术的类别

2. 安全预防系统

企业可建立安全预防系统，以实现预防生产安全事故的目标。安全预防体系将具有防事故、防爆炸、防破坏功能的专用设备、软件有效地组合成一个有机整体，构造一个具有探索、延迟、反应综合功能的信息技术网络。安全预防系统的特征见表2—5。

表 2—5   安全预防系统的特征

特征	具体说明
高安全性	安全预防系统是用来保护员工和财产安全的，一方面是保证系统运行安全和操作者的安全，另一方面是预防从业人员在生产过程中的安全
高可靠性	安全预防系统以预防损失为主要目标，因此，安全预防系统在设计、使用的各个阶段，都必须实施可靠管理，以保证系统的高可靠性
高性价比	安全预防系统根据风险等级和防护级别的要求，做到两者的相互适用，具有高性价比

2.3.3 安全操作技术

安全操作技术是指在生产过程中，为了防止各种生产事故的发生、保证员工安全而制定的各种安全操作规程，其目的是通过改进安全操作方法，将危险作业、笨重作业、手工操作改进为安全作业、轻便作业、机械操作。

安全操作规程是企业为了保证班组人员能够安全、有效地生产、工作而制定的，是班组人员在操作设备时必须遵循的程序或步骤。

1. 安全操作规程的分类

（1）根据生产行业的不同，可将安全操作规程分为煤矿安全操作规程、机械加工安全操作规程、冶金安全操作规程、电力安全操作规程、石油化工安全操作规程、施工建筑安全操作规程等。

（2）根据从业人员岗位的不同，可将安全操作规程分为电工安全操作规程、焊工安全操作规程、矿工安全操作规程、炼钢工安全操作规程、推焦司机安全操作规程、轧制工安全操作规程、氨水泵安全操作规程等。

2. 安全操作规程的示例

下面以渣料工安全操作规程为例，介绍安全操作规程。渣料工主要负责清渣和出渣的工作，由于炼钢产生的渣料具有高温等危险性，容易造成人身伤害，所以企业应规范渣料工的操作。渣料工安全操作规程具体如图2—12所示。

2.3.4 安全控制技术

安全控制技术是企业根据生产实际情况，针对重大危险源监控制定的相应控制措施和解决方案。

根据不同物质的特性、存储量、临界量，可将重大危险源分为生产场所重大危险源和储存场所重大危险源。凡存在重大危险源的生产企业，必须按照《中华人民共和国安全生产法》《中华人民共和国突发事件应对法》的要求，针对重大

渣料工安全操作规程

1．工作前，必须将劳动防护用品穿戴整齐，班前、班中严禁饮酒
2．清渣前，必须与炉前取得联系，消除斜板结渣后方可清渣
3．炉子吹炼、吊炉口、兑铁水、加废钢、炉子转动、补炉时不准清渣
4．清渣时要靠近两侧站板并站在遮挡板下方，不能站在轨道上或轨道内侧清渣
5．渣车、钢包车在炉坑运行时，不准站在炉坑两侧
6．钢包车、渣车、小平车出轨、渣盆翻倒时，立即通知炉前，以便采取措施
7．出钢前，检查钢包是否放正放稳，发现问题及时处理
8．出钢后，操作钢包车时不准急停或快速倒车，以免钢渣溢出
9．渣盆在渣车上应放正放稳，以防止渣盆歪斜、滑落
10．渣盆内不准有易燃易爆物，积水应排干
11．倒渣地面严禁有积水

图 2—12　渣料工安全操作规程

危险源制定相应的控制措施，并且企业各生产单位的主管应对本单位的重大危险源监控管理工作全面负责，并指定重大危险源管理与监控的具体负责人。

重大危险源具体的控制措施如图 2—13 所示。

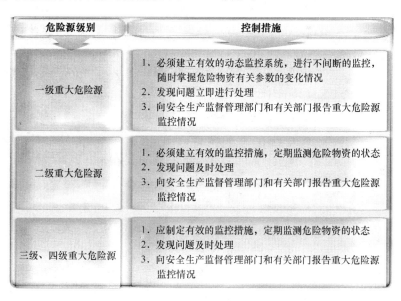

危险源级别	控制措施
一级重大危险源	1．必须建立有效的动态监控系统，进行不间断的监控，随时掌握危险物资有关参数的变化情况 2．发现问题立即进行处理 3．向安全生产监督管理部门和有关部门报告重大危险源监控情况
二级重大危险源	1．必须建立有效的监控措施，定期监测危险物资的状态 2．发现问题及时处理 3．向安全生产监督管理部门和有关部门报告重大危险源监控情况
三级、四级重大危险源	1．应制定有效的监控措施，定期监测危险物资的状态 2．发现问题及时处理 3．向安全生产监督管理部门和有关部门报告重大危险源监控情况

图 2—13　不同级别重大危险源的控制措施

2.3.5　安全救援技术

班组人员在作业中，由于各种危险因素的影响，会突然遇到一些伤害人身安全和健康、损坏设备设施造成经济损失的生产事故。企业应学习相关的安全救援技术，组织开展安全救援知识的培训活动，以保证班组人员在遇到生产事故时，可以迅速采取相应的急救措施，防止事故的扩大，避免给企业造成更大损失。

安全救援技术主要包括矿山事故应急救援技术与装备、危险化学品事故应急救援技术与装备、火灾报警设备及消防设备、应急医疗救护器材和医药制品等，具体内容见表2—6。

表2—6　　　　　　　　　　安全救援技术内容一览表

救援技术类型	具体内容
矿山事故应急救援技术与装备	◆ 矿山事故应急救援技术与装备主要包括矿山多用救援充气起重垫、矿用高压脉冲灭火装置、便携式空气充填泵、正压式空气呼吸器、深井救援装置、多功能救援担架、气囊式快速密闭、无火花工具、自动苏生器、正压式氧气呼吸器、帆布风障、充气夹板
危险化学品事故应急救援技术与装备	◆ 危险化学品事故应急救援技术与装备主要包括热成像仪、可燃气体和毒性气体检测器、智能型水质分析仪、有毒气体探测仪、核放射性侦检仪、核放射探测仪、生命探测仪、综合电子气象仪、漏电探测仪、有毒物质密封桶、多功能毒液抽吸泵、手动隔膜抽吸泵、液体吸附垫、管道密封套、泄漏密封枪等
火灾报警设备及消防设备	◆ 火灾报警设备主要包括仓库独立式火灾探测报警器、无线消防报警器、火灾显示盘、感温探测器、感烟探测器、手动报警按钮、火焰探测器、红外/紫外光束探测器、感温电缆、消防水枪等 ◆ 消防设备主要包括消防栓，消火栓，灭火器，消防水带，消防箱，消防转盘，消防配件分水器
应急医疗救护器材和医药制品	◆ 应急医疗救护器材和医药制品主要包括担架、不锈钢颈托、急救药箱、急用药绷带、棉签、酒精、碘酒、创可贴、医用胶布、医用纱布、医用剪刀、镊子、血压计、体温计等

2.4　优秀班组安全投入

2.4.1　漫画解说班组安全投入

2.4.2　安全设施投入

安全设施投入是指企业用来保证班组人员健康和财产免受伤害、设备和设施免受损害、生产环境免遭破坏的安全防护措施的投入。

针对不同的安全隐患，企业应设置不同的安全防护设施。以下是生产安全防护设施的分类，具体见表 2—7。

表 2—7   生产安全防护设施的类型

安全设施	具体内容
预防事故设施	1. 检验、报警设施，用于安全检查和生产事故分析的检验检测设备、仪器 2. 设备安全防护设施，主要包括防护罩、防护屏，防晒、防冻、防腐蚀等设施 3. 防爆设施，主要包括各种电气、仪表的防爆设施，抑制易燃易爆气体和粉尘的设施 4. 作业场所防护设施，主要包括作业场所的防辐射、防静电、防噪声、防坠落、防滑、防烫伤等设施 5. 安全警示标志，主要包括各种指示、警示作业安全等警示标志
控制事故设施	1. 泄压设施，包括泄压阀门、爆破片等 2. 紧急处理设施，主要包括紧急备用电源，紧急切断、排放、冷却等设施，紧急停车设施等
消除事故影响设施	1. 防止火灾蔓延设施，包括阻火器、安全水封、防油堤、防爆墙等隔爆设施 2. 灭火设施，主要包括泡沫水喷淋、消火栓、高压水枪、消防水网等设施 3. 紧急个人处置设施，主要包括逃生器、逃生索、应急照明等 4. 应急救援设施，主要包括抢险装备和现场受伤人员医疗救护装备 5. 逃生避难设施，主要包括逃生和避难的安全通道、安全避难所、避难信号等 6. 劳动防护用品设施，主要包括防护服、防护眼镜、防护面具、防护鞋、防护耳塞和耳罩、防护手套等劳动防护用品和装备

2.4.3 安全技术投入

安全技术是指企业为了防止在生产过程中出现各种伤害、生产事故等，并为员工提供安全、良好的劳动条件所采取的各种技术措施。企业安全技术投入的主要目的是改进生产作业方法和生产作业环境。

1. 安全技术的任务

安全技术的任务主要包括以下四个方面，这四个方面都是以安全作业、规范操作为原则，通过改进安全设备、作业环境或作业方法，达到安全生产的目的。

（1）分析造成各种生产事故的原因。

（2）研究避免各种生产事故的办法。

（3）调高设备和安全设施的安全性。

（4）开发安全生产的新技术、新工艺、新设备。

2. 安全技术的措施

安全技术的措施有很多，如在生产设备上安装安全防护装置、用辅助工具减轻生产作业的危险性等，主要包括以下三类，如图 2—14 所示。

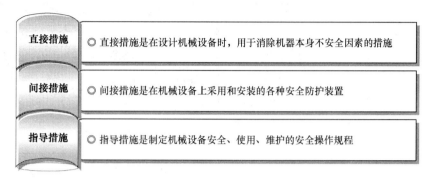

图 2—14　安全技术的三类措施

2.4.4　安全救援投入

企业安全救援投入是根据企业生产过程中存在的危险源和以往事故的预测结果，预先制定的控制和抢救事故的应急救援预案。

企业制定应急救援预案，可以有效地应对可能发生的生产事故，开展事故抢险救灾工作，最大限度地减少人员伤亡和财产损失，维护生产稳定和正常的工作、生活秩序。

1. 应急救援预案的分类

应急救援预案的分类有很多种，按照时间特征可划分为常备预案和临时预案；按事故灾害或紧急情况可划分为自然灾害、事故灾难、突发卫生事件和突发生产事故预案。在生产企业中，最适合的预案体系的分类方法是按预案的适用对象和范围进行分类，具体包括以下三种预防形式。

（1）综合预案。综合预案是生产企业的整体预案，包括生产企业的应急方针、政策、总体思路、应急组织机构及其职责。

（2）专项预案。专项预案是生产企业的某种具体的、特定类型的紧急方案，如触电事故救援预案、危险物质泄漏救援预案、火灾救援预案等。

（3）现场预案。现场预案是在专项预案的基础上，根据具体的情况制定的，是针对生产企业的作业场所制定的预案。

2. 各类应急救援预案的内容

应急救援预案是根据可能发生的事故和所有危险源的情况而制定的。应急救援预案明确了事前、事发、事中、事后各个环节中，相关部门和有关人员的职责。这三类预案的主要内容见表 2—8。

表 2—8 应急救援预案的主要内容

预案类型	内容提纲		预案类型	内容提纲	
综合应急救援预案	总则	编制目的	专项应急救援预案	事故类型和危害程度分析	
		编制依据		应急处置基本原则	
		适用范围		组织机构及职责	应急组织体系
		应急预案体系			指挥机构及职责
		应急工作原则		预防与预警	危险源监控
	危险性分析	企业基本情况			预警行动
		危险源与危险分析		信息报告程序	
		组织机构及其职责		应急处置	响应分级
		预防与预警			响应程序
		应急响应			处置措施
		信息发布		应急物资与装备保障	
		后期处理	现场应急救援预案	事故特征	
	保障措施	通信与信息保障		应急组织与职责	
		应急队伍保障		应急处置	应急处置程序
		应急物资装备保障			应急处置措施
		应急经费保障			报警电话
		其他保障		注意事项	应急准备的注意事项
	培训与演练	培训			救护过程的注意事项
		演练			救护结束后的注意事项
	奖惩		应急救援预案附件	救援小组和人员的联系方式	
	附则	术语与定义		重要物资装备的清单	
		应急预案备案		规范化格式文本	
		维护与更新		关键的路线、标志和图纸	
		制定与解释		相关应急预案名录	
		应急预案实施		有关协议或备忘录	

2.4.5 安全保健投入

为及时发现班组人员的职业禁忌和职业性健康损害，根据班组人员的职业接触史，企业应对企业员工进行有针对性的、定期或不定期的职业健康检查。

另外，企业不得安排未进行职业健康检查的人员从事接触职业病危害的作业，不得安排有职业禁忌证者从事禁忌的工作。

1. 职业健康检查

职业健康检查主要指对接触职业危害的从业人员进行的岗前健康检查、在岗健康检查、离岗健康检查、离岗后医学随访检查和应急健康检查，具体内容见表 2—9。

表 2—9　　　　　　　　　　　职业健康检查说明表

职业健康检查	说明	目的
岗前健康检查	从事某种具有职业病有害因素作业的新员工（包括调岗人员）在上岗前进行的健康检查，根据检查结果评价其是否适合从事该工种的作业	掌握员工的健康状况，发现职业禁忌，分清责任，为员工的岗位安排提供依据
在岗健康检查	按一定时间间隔对从事有害作业员工的健康状况进行检查，记录健康状况的变化，评价员工健康变化是否与职业病危害因素有关，判断员工是否适合继续从事该工种的作业	及时发现职业病有害因素对员工的健康损害和健康影响，及时诊断治疗、调换工作
离岗健康检查	员工在离岗前进行的全面的健康检查，根据其从事的工种、岗位存在的职业病危害因素，确定健康检查项目，根据检查结果评价其健康状况，确定健康变化是否与职业病危害因素有关	了解和判断该员工从事有害作业一段时间后的健康状况和变化是否与职业病危害因素有关，分清责任
离岗后医学随访检查	接触的职业病危害因素有的具有慢性健康影响，或发病有较长的潜伏期，在脱离接触后仍有可能发生职业病，需对离岗员工进行医学随访检查	及时掌握员工的健康状况并妥善处置
应急健康检查	在出现事故或突发事件时，对其涉及的人员进行的健康检查	提前进行预防监测，保护员工健康

2. 建立健全职业健康监护档案

　　根据《中华人民共和国职业病防治法》的规定，企业应当为班组人员建立职业健康监护档案，并按照规定的期限妥善保存。所有职业健康检查结果及处理意见，均需如实记入员工健康监护档案。职业健康监护档案内容至少包括以下五项，如图 2—15 所示。

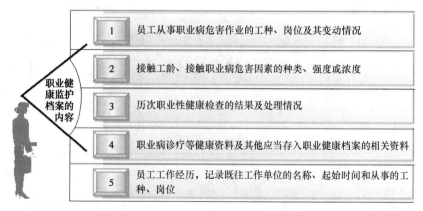

图 2—15　职业健康监护档案的内容

第3章

优秀班组的劳动环境防护

3.1 优秀班组的管理环境防护

3.1.1 漫画解说班组管理环境防护

3.1.2 生产标准化管理

生产标准化，就是将企业里各种各样的劳动生产相关规范（如规程、规定、规则、标准、要领等）形成文字，并在劳动生产过程中继续执行完善的过程，这些文字化的规范统称为标准。

1. 生产作业标准文件

与班组生产管理有关的生产作业标准文件包括工艺流程图、图纸和部品表、作业指导书、QC工程表、工厂规格等。具体的生产作业标准文件见表3—1。

表3—1　　　　　　　　生产作业标准文件一览表

标准文件	具体说明
工艺流程图	◆ 工艺流程图显示的是工艺步骤，是生产作业标准文件的一种
图纸和部品表	◆ 产品图纸、部品表在进行部品加工和组装作业时，作为基础资料使用
作业指导书	◆ 作业指导书写明作业人员进行的作业内容，起着传达作业内容的指导作用
QC工程表	◆ QC工程表给出了生产现场的工艺步骤以及作业内容，为保证工艺技术的实施及产品质量，对生产起着指导和监督的作用
工厂规格	◆ 对生产有关的各种规格做出规定，是进行各种作业时的基准资料，包括产品规格、材料规格、工具规格等

2. 生产作业标准应用

（1）标准作业指导和教育。在制定作业标准文件之后，需对班组人员进行指导和教育。班组人员的标准作业指导和教育包括新员工的教育和熟练员工的教育，具体内容如图3—1所示。

新员工的教育
◎ 讲给新员工听：把作业方法、要领讲给他们听
◎ 做给新员工看：把动作要领、步骤做给他们看
◎ 让新员工做做看：让他们按动作要领和步骤做做看

熟练员工教育
◎ 有很多熟练员工在作业中存在着许多不良的习惯动作，因此有必要在工作中将其纠正过来，使其作业标准化

图3—1　标准作业指导和教育

（2）作业标准书的使用。将重要的作业标准书，如设备操作规程、作业指导书等加上塑胶护套后，直接悬挂在现场的工作台附近，可起到直接参照实施的作用。

（3）违规处理。生产作业标准文件是现场生产活动的法规，是对作业的约束条款和规定，因此任何人都必须遵守，任何人违反了都要受到处罚。如果作业标准同实际情况确实有不相适应的地方，可考虑对其进行相应的修改。

3.1.3　生产流程化管理

流程化管理是针对生产管理的各工作事项所制定的管理流程，把工作程序、

权限管理、授权批准等管理措施设置在管理流程中，使不符合相关规定的行为无法在系统内操作。

1. 生产管理的流程

生产管理的流程主要包括生产工艺流程、检验流程、运输流程、储存等待流程等内容，具体如图3—2所示。

图3—2　生产现场管理流程的内容

2. 流程化管理的方法

流程化管理能帮助企业控制运营风险、提高执行力，具体的管理方法见表3—2。

表3—2　　　　　　　　　　流程化管理的方法

管理方法	具体说明
设定工作程序	◆ 用工作程序来控制人员的工作行为，可使其按照既定的顺序和步骤工作，确保员工的工作效率，提高员工的执行力
工作权限管理	◆ 进行职务分工，由企业权力机构或上级管理人员明确规定生产管理人员的职责范围和工作权限，使员工按设定的权限进行工作，确保其不越界操作，不违规操作
授权批准管理	◆ 在职务分工权限管理的基础上，使所有的生产管理人员在办理每项业务时都能事先得到适当的授权，并在授权范围内办理有关业务、承担相应的责任

3.1.4　生产制度化管理

制度化管理是企业赖以生存和发展的基础，是企业实施各项有效管理不可缺少的灵魂和支柱，企业可通过制定相应的制度来进行安全生产管理。

1. 管理制度的说明

制度是组织管理过程中用以约束全体组织成员行为、确定办事方法、规定工作程序的各种规章、办法的总称，其形式、内容、特点和要求如图3—3所示。

2. 制度化管理的特征

制度化管理需明确每个岗位的职责，实行层层监督、层层管理，使责任落实

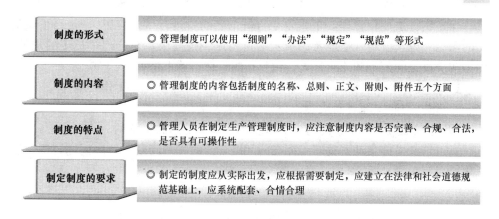

制度的形式	◎ 管理制度可以使用"细则""办法""规定""规范"等形式
制度的内容	◎ 管理制度的内容包括制度的名称、总则、正文、附则、附件五个方面
制度的特点	◎ 管理人员在制定生产管理制度时，应注意制度内容是否完善、合规、合法，是否具有可操作性
制定制度的要求	◎ 制定的制度应从实际出发，应根据需要制定，应建立在法律和社会道德规范基础上，应系统配套、合情合理

图 3—3　管理制度说明图

到岗。制度化管理具有以下特征。

（1）在劳动分工的基础上，明确规定每个岗位的权力和责任，并把这些权力和责任制度化。

（2）按照各机构、各层次、各职位权力的大小，确定其在企业中的地位，从而形成一个有序的指挥链或等级系统，并以制度的形式巩固下来。

（3）以文字形式规定职位特性以及该职位对素质、能力等的要求，并通过正式考试或训练获得技术资格。

（4）决策程序的有效性及运作系统按规定的程序运行，应符合理性要求，应避免个人决断的局限性。

3.1.5　生产人性化管理

在安全生产管理中，企业虽然做了大量的工作，但是安全问题依然存在，往往让人防不胜防，这其中最主要的就是人为的原因。

通常我们采用制度化的方式对安全生产进行管理，以规章制度来管理约束人，这并不能彻底解决问题。现在，企业强调人性化的管理模式，人性化管理的要求如下。

（1）在人性化管理中，必须建立健全安全生产的各种规章制度，而且制度的建立和贯彻执行不是可有可无的。

（2）只有领导模范带头，职工才能心悦诚服；只有把安全生产的思想与实际工作结合起来，扎扎实实做好工作，才能有效地促进安全生产工作。

（3）生产任务是靠具体的人来完成的，而人的素质高低直接关系到生产能否顺利进行。企业需加强职工对方针政策、法律法规、业务技能的学习，增强职工的责任心。

（4）实行人性化管理，企业领导与员工之间要进行"换位思考"，真正从员工的角度考虑，设身处地地考虑员工的苦与乐、得与失，充分理解员工的难处，努力解决员工的困难和需求。人性化管理的具体实施办法如下。

1）主要管理人员要经常深入基层了解职工的工作状态、工作环境。

2）定期与职工面对面谈心、心与心沟通、情与情交流。

3）让职工通过信箱、网络办公系统表达他们的想法和意见。

通过这些措施主动察觉职工存在的问题，及时发现问题、解决问题，确保安全生产。

3.2　优秀班组的职业环境防护

3.2.1　漫画解说班组职业环境防护

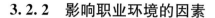

3.2.2 影响职业环境的因素

1. 企业内部环境因素

影响职业环境的企业内部环境因素主要包括企业人员状况、企业经济实力与规模、企业内部组织结构、企业文化和企业制度。

2. 工作岗位环境因素

工作岗位环境因素主要包括岗位概况、能力要求、工资待遇及晋升等，具体内容如下。

（1）岗位概况主要包括岗位名称、岗位属性等内容。岗位概况与个人职业环境最为密切相关。班组长在了解了岗位概况后，应对自己的职业环境有清楚的认识。

（2）能力要求是指岗位所要求的基本能力，包括学历、资历、经验、品质、个性等方面。班组长需对职业环境所要求的能力进行了解，确定企业员工是否具备所要求的能力。

（3）工资待遇及晋升是指岗位的薪酬标准及晋升路线。班组长需对工资待遇及晋升进行了解，了解自己的薪资水平和晋升空间。

3.2.3 人与职业环境的匹配

企业班组为了寻找符合生产作业环境的人才，需要对班组人员进行了解，分析是否与职业环境相匹配，从而决定其培养和发展的方向，保证班组人员的生产作业安全。企业在了解班组人员是否与职业环境相匹配时，可从其性格、兴趣、能力等多个方面进行评价。

1. 由于班组人员的性格影响其行为表现，因此班组人员是否适应职业环境也就十分明显。企业在选择班组人员时，可根据其性格特征来决定。一般情况下，企业应选择能够机械地完成具体任务的实际型班组人员来进行生产作业。

2. 企业班组人员的兴趣是否与职业环境相匹配，决定了班组人员的工作效率。符合要求的班组人员的工作效率比不符合要求的高40%。如果班组人员对工作缺乏兴趣，则只能发挥才能的20%～30%。因此，班组人员应对其工作感兴趣，才能发挥自己的才能。

3. 能力是班组人员顺利完成生产任务所必须具备的心理特征。班组人员之间存在着能力差异，这种差异表现在人员能力发展方向的差异和能力发展早晚的差异。企业在选择班组人员时，应遵循人员能力水平与工作环境相吻合的原则。

3.2.4 人与职业环境的差距

企业为了对班组人员进行合理的职业环境规划，应对班组人员与职业环境的差距进行分析，以便进行合理安排。企业在分析班组人员与职业环境的差距时，常用的分析方法是 SWOT 分析法。

SWOT 分析法是检查班组人员能力、性格、兴趣、价值观与职业环境之间存在差距的有效方法。班组长可以使用这种方法分析班组成员是否与工作环境相匹配,分析班组成员与工作环境不匹配的原因,从而得出班组成员与职业环境之间的差距,并提出解决问题的办法,以保证班组成员的安全。

为了缩短班组人员与职业环境的差距,班组人员可通过提高自己的能力、调整自我心态来适应自己所从事的工作环境,具体应做到以下两点要求。

1. 提高能力,满足工作要求。员工之所以不能适应工作,很大程度上是因为自己所具备的知识和技能与职业环境要求不相符,这时员工应丰富自己的知识,提高工作技能。

2. 调整心态,适应职业发展。当自我要求和企业职业环境不匹配时,很容易造成心态不平衡,这时员工应保持良好的心态,学会适当的忍耐,让自己更加理性。

3.2.5 管理与职业环境结合

企业在进行职业环境防护时,应与工作环境管理、设备工具管理、生产工艺管理以及劳动防护用品管理相结合,做到有效管理、有效防护。

1. 工作环境的管理

不同的工作环境存在着不同的职业危害因素,企业应了解和掌握每一类危害因素带来的病伤。常见的职业危害因素及其可能导致的职业病见表 3—3。

表 3—3 职业危害因素及危害一览表

危害因素	具体说明	可能导致的职业病
生物因素	◆ 生产过程中使用的原料、辅料及在作业环境中都可存在某些致病微生物和寄生虫,如炭疽杆菌、霉菌、布氏杆菌、森林脑炎病毒和真菌等	炭疽、森林脑炎、布氏杆菌病
化学因素	◆ 生产过程中使用和接触到的原料、中间产品、成品及这些物质在生产过程中产生的废气、废水、废渣等工业有毒物质以粉尘、烟尘、雾气、蒸汽或气体的形态遍布于生产作业场所的不同地点和空间,接触毒物可对人产生刺激或使人产生过敏反应,还可能引起中毒	中毒、尘肺、化学性皮肤灼伤
物理因素	◆ 不良的物理因素或异常的气象条件,如高温、低温、噪声、振动、高低气压、非电离辐射(可见光、紫外线、红外线、射频辐射、激光等)与电离辐射(如 X 射线、γ 射线)等	放射性肿瘤、噪声聋、中暑、减压病、高原病、冻伤手、臂振动病
人体工效因素	◆ 生产作业不符合人体工效学(如超负荷作业、重复作业等)而造成的职业危害	肌肉骨骼损伤、下肢静脉曲张、扁平脚、腹疝

2. 设备工具的管理

为了保证设备工具的设计、制造、使用能够符合班组人员职业环境管理的要求，企业应对以下工作进行管理。

（1）设备设计需满足一般设计要求、安全设计要求、常见事故、职业危害防护要求等。

（2）针对一些容易发生事故的机器设备制定专业的安全标准，如《塔式起重机安全规程》《起重机危害部位与标志》等。

3. 生产工艺的管理

对一些经常造成工伤事故、容易产生职业病的生产工艺，企业可制定基本的安全管理制度来保证班组人员的安全，具体的安全管理制度如下所示。

（1）制定预防工伤事故的生产工艺安全标准，如预防火灾爆炸事故的《粉尘防爆安全规程》《氢气使用安全技术规程》等。

（2）制定预防职业病的生产工艺安全卫生工程标准，如《生产安全卫生要求》。

4. 劳动防护用品的管理

为了满足企业班组人员职业环境防护的需要，企业可制定劳动防护用品技术要求和劳动防护用品检验标准，以便对不同种类的劳动防护用品进行管理，控制劳动防护用品的质量，确保班组人员工作的安全。

3.3　优秀班组的工作环境防护

3.3.1　漫画解说班组工作环境防护

3.3.2　接触粉尘的环境防护

企业需加强对粉尘作业环境的管理，减小粉尘给班组人员带来的危害，保护班组人员的身心健康。

1. 粉尘预防措施

（1）加强对员工的管理，具体措施包括但不限于以下四个方面。

1）班组人员上岗前应根据国家相关规定进行健康体检，不得安排有职业禁忌证的员工、未成年员工、女员工从事禁忌范围的工作。

2）企业定期组织员工参加防尘方面的培训，加强员工对防尘基础知识的学习。

3）定期对从事粉尘作业的员工进行健康体检，发现员工不适宜从事粉尘作业时，必须及时将其调离。

4）应及时将已确诊为尘肺病的员工调离原工作岗位，并安排合理的治疗或疗养。

（2）防尘检查。企业应定期对粉尘进行检查，加强防尘设备的检修与保养工作，确保班组人员有良好的工作环境，具体措施如图3—4所示。

2. 粉尘作业改善措施

（1）合理设置工作地点。班组人员的工作地点或集中地点必须位于生产现场中通风良好和空气清新的地方，易产生严重粉尘污染的工段应位于整条生产线的下风口。

（2）加强防尘工作管理。企业应加强粉尘作业环境的管理，通过各种措施降低粉尘对班组人员的伤害程度，具体可从以下三个方面进行改进，如图3—5所示。

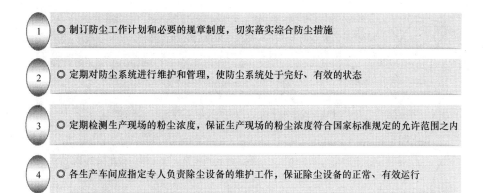

图3—4 定期防尘检查措施

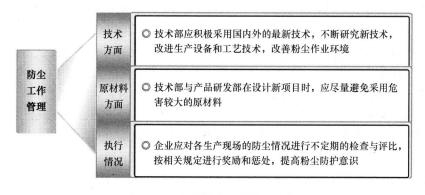

图3—5 加强防尘工作管理的措施

（3）改进防尘技术，具体包括但不限于以下四个方面。

1）改进工艺设备和工艺操作的方法。

2）采用通风除尘设备，减少粉尘的产生，进一步改善粉尘环境。

3）在生产和工艺条件许可的情况下，优先考虑采用湿式作业，减少粉尘的产生和飞扬。

4）密闭尘源，使生产过程管道化、机械化、自动化，防止粉尘外逸，达到防尘目的。

（4）对粉尘物料的处理。企业应及时对生产过程中易产生粉尘的物料进行处理，同时应控制生产现场的粉尘浓度，确保班组人员的身心健康，具体的防护措施如图3—6所示。

3.3.3 接触高温的环境防护

企业需采用适当的方法对高温作业环境进行管理，对员工进行有效防护，减

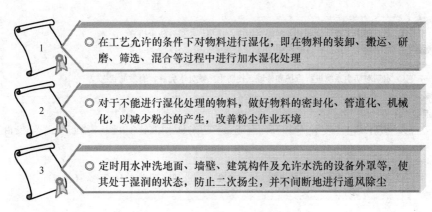

图 3—6　对粉尘物料的处理措施

小因高温给班组人员带来的危害，保护班组人员的身心健康。

1. 基本防护措施

企业应贯彻国家相关法律法规，完善工厂相关制度，对班组人员进行基本的防护。具体的防护措施如下所示。

（1）切实贯彻有关防暑降温的政策法令并加强宣传教育，切实遵守高温作业的安全规则与规定。

（2）建立工作期间休息制度和在工作期间短暂休息的制度。

2. 综合防护措施

企业可采取散热、隔热、降温等方法对班组人员进行安全防护，具体的防护措施见表 3—4。

表 3—4　　　　　　　　　　　高温环境综合防护措施

防护措施	具体介绍
调整时间	在炎热的季节露天作业时，合理安排员工劳动时间，调整或延长休息时间
设置冷气室	在高温的生产现场应设置冷气休息室，防止因温度过高而造成身体损伤
合理安排热源	应在不影响工艺操作的情况下合理安排高温作业环境，尽量疏散热量
隔离热源	在生产工艺或技术允许的情况下，应采用水隔热或材料隔热的方法隔离热源
自然排热	可采用全面自然通风换气的方式降低车间温度，如给热源安装排气罩等
机械排热	在自然风不能达到降温要求时，应设置机械通风，如电风扇、空气幕和空气调节等
改进作业方法	生产部应配合技术部改进工艺流程与操作方法，减少员工接触高温的机会

3.3.4　接触毒物的环境防护

企业应采取强有力的防毒措施，加强对有毒作业环境的管理，减小有毒作业

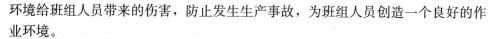

环境给班组人员带来的伤害，防止发生生产事故，为班组人员创造一个良好的作业环境。

1. 基本防护措施

企业可通过以下基本措施对作业环境进行毒气的防护，具体如图3—7所示。

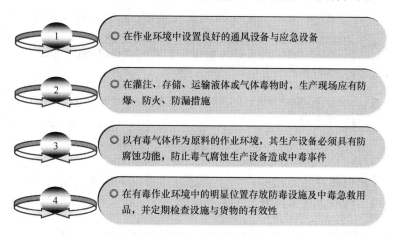

1 在作业环境中设置良好的通风设备与应急设备

2 在灌注、存储、运输液体或气体毒物时，生产现场应有防爆、防火、防漏措施

3 以有毒气体作为原料的作业环境，其生产设备必须具有防腐蚀功能，防止毒气腐蚀生产设备造成中毒事件

4 在有毒作业环境中的明显位置存放防毒设施及中毒急救用品，并定期检查设施与货物的有效性

图3—7　毒气基本防护措施

2. 综合防治措施

企业应妥善进行毒气处理，减少毒气的产生，确保班组人员的安全，具体的综合防治措施如下所示。

（1）以无毒和低毒的物料或工艺代替有毒、高毒的物料或工艺。

（2）初建或扩建厂房时，配置的安全设施与设备必须符合国家规定。

（3）将生产设备密闭化、管道化和机械化。

（4）工作时，采用自动化或远距离操作，防止中毒事件的发生。确因工作需要而进行近距离操作时，操作人员必须穿戴好防毒面具、手套、防毒服等劳动防护用品。

（5）定期检测生产现场空气中各类毒性气体的含量，若超过最高允许浓度应立即采取相应措施，使之达到标准。

（6）定期为班组人员进行体检，确保其身心健康。

（7）做好通风排毒及废气、废水、废渣的回收和利用工作，防止人员中毒。

3.3.5　接触噪声的环境防护

严格执行企业噪声控制设计规范及噪声卫生标准，加强对噪声作业环境的管理，改善噪声作业环境，减小噪声对环境的污染，保护班组人员的身心健康。

1. 噪声源控制措施

（1）控制机电设备产生噪声。企业可根据实际工作需要，通过合理的措施控制或减小机电设备发出噪声，具体方法如图3—8所示。

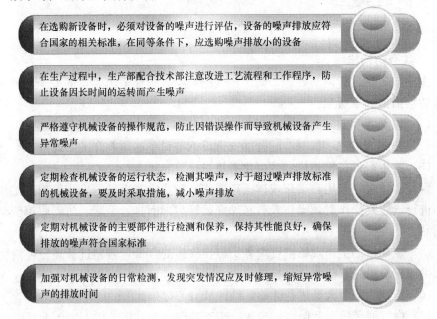

1	◎ 尽量减少各种机电设备的运行时间，用完后要立即关闭机电设备
2	◎ 养护机电设备，定期对其进行润滑，更换零件，紧固各个易松动的零部件
3	◎ 在操作中严格遵守机电设备的操作规程，防止因错误操作导致机电设备产生异常的噪声
4	◎ 加强机电设备巡检工作，如有突发状况要及时修理产生异常噪声的设备、缩短异常噪声的排放时间

图3—8　控制机电设备产生噪声措施

（2）控制机械设备发出噪声。企业可以通过以下措施控制机械设备发出噪声，减小噪声污染，具体如图3—9所示。

在选购新设备时，必须对设备的噪声进行评估，设备的噪声排放应符合国家的相关标准，在同等条件下，应选购噪声排放小的设备

在生产过程中，生产部配合技术部注意改进工艺流程和工作程序，防止设备因长时间的运转而产生噪声

严格遵守机械设备的操作规范，防止因错误操作而导致机械设备产生异常噪声

定期检查机械设备的运行状态，检测其噪声，对于超过噪声排放标准的机械设备，要及时采取措施，减小噪声排放

定期对机械设备的主要部件进行检测和保养，保持其性能良好，确保排放的噪声符合国家标准

加强对机械设备的日常检测，发现突发情况应及时修理，缩短异常噪声的排放时间

图3—9　控制机械设备发出噪声的措施

2.噪声传播控制措施

企业可采取消音、隔音、阻音等措施来控制噪声的传播，防止噪声影响班组人员，具体的控制措施如下。

（1）相关部门在购买、使用、改进各种噪声比较大的设备时，尽量选取自动化或密封化的设备，减少人工的操作，以减小噪声对班组人员的身体侵害。

（2）生产中噪声排放比较大的机电、机械设备，应尽量设置在离工作操纵点或人员集中点较远的地方。

（3）无法将噪声比较大的机电、机械设备设置在较远的地方时，应在生产设备上安装隔音机罩或设置隔音间，阻断噪声的传播途径。

（4）用隔音间进行隔音的机电、机械设备，应做好隔音间的密封工作，应随时关闭隔音门和隔音窗，将噪声与班组人员隔离开来。

（5）若因工作需要，班组人员必须到噪声比较大的地方进行操作时，应佩戴好耳塞、耳罩、防声帽等劳动防护用品。

3.3.6　其他的有害因素防护

除上述粉尘、高温、毒物等有害因素的危害外，工作环境中还存在其他的有害因素需要防护，如辛劳因素、疲劳因素、光污染、突发因素等。

1. 疲劳因素的防护

疲劳是指超生理负荷的激烈动作、持久的体力或脑力劳动、重复作业等引起的身心疲惫。为了班组人员的身心健康，企业需对其进行控制和防护，具体防护措施如下所示。

（1）提高作业的自动化水平。

（2）正确选择作业姿势和体位。

（3）合理设计作业中的用力方法。

（4）改善作业内容，避免单调重复性作业。

（5）合理设计作业空间及环境。

2. 光污染的防护

光污染是指各种光源（日光、灯光、各种反射光、红外线、紫外线等）过量的辐射对周围环境、人类活动和生产环境造成影响的现象，企业采取的防护措施如下所示。

（1）加强对企业的规划和管理，改善工厂的照明条件，减小光污染。

（2）对有红外线和紫外线污染的场所采取必要的安全防护措施。

（3）采用个人防护措施，正确佩戴防护眼镜和防护面罩。

3. 突发因素的防护

对于突发事件造成的生产事故的防护，主要采取的措施如下。

（1）建立应急管理机制，规范应急救援设备的选择、购买、人员筛选、配备等环节。

（2）找出潜在的突发因素，并制定相应的应急救援方案。

（3）对可知的自然灾害事故，应急救援小组应事前做好预防通知与应急准备。

（4）进行应急救援控制，以保障应急救援小组在救援人员安全的前提下展开救援工作，并及时通知消防、公安部门进行救援。

3.4　优秀班组的文化环境

3.4.1　漫画解说班组文化环境

3.4.2　营造文化学习氛围

　　企业要进步、成长、实现经营目标，就必须提升核心竞争力，组织班组人员进行学习是核心中的核心。

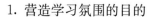

1. 营造学习氛围的目的

企业可采用系统性的学习规划、系统性的思考方法，转变成为"学习型组织"。这种转变不是某个人、某个部门需要学习，而是组织全员学习。全员在学习过程中不断提升，超越自我，在共同的价值观与远景指导下，群策群力，集思广益，共同学习与分享，从而提升组织的战略思维力、经营决策力、价值创造力，最终实现组织的发展目标。

2. 营造学习氛围的方法

企业应营造良好的学习氛围，引领大家集体学习、最终形成学习型组织。具体的方法如下：

（1）企业应提倡和鼓励"能者为师"，形成学习型组织机制。企业形成一种能力评估机制，让每个具有特殊才能的员工都可以在企业内部成为人师，发挥所长，营造学习气氛。

（2）企业领导主动带头学习，形成上行下效的学习风气。许多企业领导都以工作忙、没时间为借口，不参加学习。虽然嘴上说很重视培训，自己却没有身体力行，形成不了上行下效的学习风气。

（3）建立良好的学习激励机制，鼓励员工主动学习。学习力是企业核心竞争力的根本，要让学习成为常态，成为企业的竞争优势，同样需要激励机制来保证。

（4）建立全员学习系统，构建知识管理体系，促进学习型组织的形成。

1）企业的培训体系要完整，要具体，这样才能保证培训效果。

2）企业的培训学习要分层次，从企业高层、中层、基层到一线员工，都要列入全员学习系统，同时培训要分批次，分对象，要有计划地进行。

3）企业不但要重视个人学习和个人心智、能力的开发，更要强调组织成员的合作学习和组织智能的开发。

（5）建立学习成果与员工薪酬、晋升相结合的机制，鼓励大家学以致用。通过对员工的培训，要让每位员工的工作态度变得更积极主动，工作行为变得更负责，工作效率变得更高，要让学习力成为职场的竞争力。

3.4.3　规范安全行为习惯

所谓习惯，是指长期重复地做，逐渐养成的不自觉行为。习惯可以通过有意识的练习形成，也可以通过无意识的多次重复形成。

为了规范员工的行为习惯，企业需抓好班组和现场管理，即必须紧紧抓住班组和现场两个安全监督的关键点，通过组织安全培训、安全检查等方式，在第一时间掌握安全源头，在第一地点防住事故苗头，从而实现安全防护目标。

1. 加强班组管理

优秀班组需做好日常的班组管理工作，对班组人员进行监督管理，规范班组人员的行为习惯，杜绝生产事故的发生。

（1）抓好日常安全意识教育。

（2）开好班前会，其主要内容如图 3—10 所示。

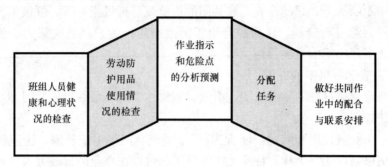

图 3—10　班前会的内容

（3）建立健全安全档案。

（4）认真组织开展危险点分析与控制活动。

2. 全面推进现场标准化作业

企业只有制定标准化作业的规范和要求，才能使班组人员在作业中正确操作、严守标准、养成习惯，逐渐克服和纠正那些不良的习惯和行为。通过现场标准化作业的推广应用，达到杜绝班组人员习惯性违章的目的。

3. 加强现场管理

加强现场管理，实行违章考核的连带机制。为达到作业时真正杜绝不安全行为的目的，一方面要靠班组人员自身具备的安全思想认识和安全行为能力，另一方面需要周边人员，特别是工作负责人的监督提示。

（1）企业可采取建立工作小组成员互保制，实行违章积分管理。通过作业小组成员的互相帮助、互相监督、互相提醒，消除、控制危险因素，防止伤害事故的发生。

（2）安全检查人员现场巡查设备的运行状态，促使班组人员养成安全作业的习惯。

（3）安全检查人员应检查工作票和操作票的使用情况，预防班组人员的不安全操作。

4. 加强作业环境管理

班组人员的行为动机除了内因的作用和影响外，还受外因的影响。环境、物的状况对生产过程中的人也有很大的影响。因此，控制人的不安全行为，必须创造很好的作业环境，保证物的状况良好和合理，使人、物、环境更加协调，从而增强人的安全行为。生产作业环境的管理内容如下。

（1）完善生产现场设备的名称、编号和标志。

（2）要确保各类安全标牌齐全、完整和醒目。

（3）经常开展安全环境普查工作，对安全作业环境进行彻底整改。

（4）着手把高新科技引入安全管理，从技术角度防止不安全行为的发生。

（5）加强防误装置管理，确保闭锁装置的齐全、有效，严格控制使用解锁钥匙解锁。

3.4.4 工作态度积极向上

兴趣、知识、技巧、态度是影响工作进行的四个重要因素，其中态度扮演着重要的角色。优秀的班组都应有一个积极向上的工作态度。

1. 影响态度的主要因素

影响态度的主要因素包括班组人员的认知、感知、价值观，其影响因素如图3—11所示。

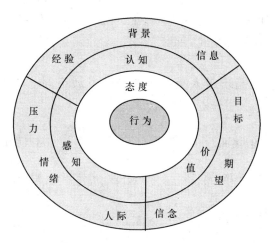

图 3—11　影响态度的主要因素

2. 如何保持积极的工作态度

优秀的班组需保持积极的工作态度。保持积极的工作态度不仅会影响员工管理的效果，更决定了班组人员对你的支持力度。保持积极态度的方法如下。

（1）改变不了事情，就改变态度。

（2）把注意力放在积极的事情上，学会体会过程。

（3）不把自己幸福的来源建立在别人的行为上。

（4）只看自己拥有的，不看自己没有的。

（5）正确比较，知足常乐。

3. 如何培养积极的工作态度

优秀班组应协助部属培养积极的工作态度，使整个工作团队都有积极的心态，从而提高工作的效率。培养积极工作态度的方法如图3—12所示。

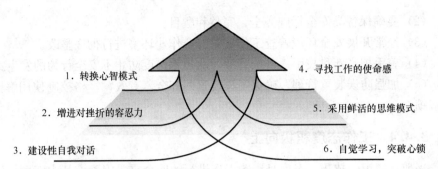

1. 转换心智模式　　　　　4. 寻找工作的使命感

2. 增进对挫折的容忍力　　5. 采用鲜活的思维模式

3. 建设性自我对话　　　　6. 自觉学习，突破心锁

图 3—12　培养积极工作态度的方法

3.4.5　提供发展空间平台

企业应为班组人员提供良好的发展空间，以便其实现自身价值。班组人员为了实现自我价值和目标，必然会尽职敬业，杜绝事故的发生。因此，企业为班组人员提供良好的发展空间非常重要。

1. 发展空间平台

发展空间平台是指班组人员在企业中的发展空间，具体的发展空间如图3—13 所示。

图 3—13　班组人员发展空间内容

2. 如何搭建发展空间平台

(1) 企业需指定员工职务和各职位发展的总体计划。

(2) 明确整体岗位和职业水平发展的图像和标准。

(3) 指定各岗位等级和职业标准，包括工作内容、工作标准、知识和技能要求等。

(4) 让每位员工都能了解职位整体发展图像和标准。

(5) 员工根据自己的职业动机（管理能力、技术业务能力、安全、创造力、自主和独立）进行选择或调整。

(6) 企业应建立与职业发展配套的政策体系。

第 4 章

优秀班组女职工特殊防护

4.1 女职工保健制度劳动防护

4.1.1 漫画解说班组女职工保健防护

女职工特殊防护品发放处

怀孕前

怀孕后

4.1.2　成立班组女工委员会

女工委员会是企业工会组织的重要机构之一，以企业女职工为主要工作和服务对象，根据女职工的特殊利益和要求展开工作，是女职工利益的重要代表。

1. 女工委员会的设立

企业工会中有十名以上女会员的，都应建立女工委员会。根据相关法律规定，结合企业实际情况，一般应按以下结构设立女工委员会，具体如图4—1所示。

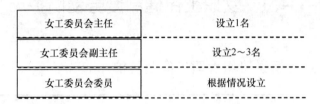

女工委员会主任	设立1名
女工委员会副主任	设立2~3名
女工委员会委员	根据情况设立

图4—1　女工委员会结构及设立

2. 女工委员会的工作职责

女工委员会的工作职责主要有以下八项，如图4—2所示。

职责1 贯彻执行党和国家有关妇女儿童的方针、政策，维护企业女职工的合法权益

职责2 加强女职工的思想教育，帮助她们树立正确的恋爱、婚姻、家庭观

职责3 在厂内组织女职工劳动竞赛和文体活动，并动员她们积极参赛，体现自我价值

职责4 让女职工提出自己对企业的建议，充分发挥女职工在企业建设中的重要作用

职责5 鼓励引导女职工努力学习文化知识，不断提高女职工的文化水平和劳动技能水平

职责6 协助企业建立健全女职工劳动保护设施和劳动保护制度，签订女职工特殊权益保护专项集体合同

职责7 配合企业卫生部门定期对女职工进行妇幼卫生知识教育，增强女职工的自我保护意识

职责8 保护女职工怀孕和哺乳期间的各项权益不受损害

图4—2　女工委员会工作职责

3. 女工委员会的工作重点

女工委员会不同于一般的工会组织，它代表女性弱势群体的利益，为女性职工争取权益。同时，女工委员会也是合理调整分配不均、构建和谐社会的重要机构。女工委员会应该做好下面三方面的工作，具体如图 4—3 所示。

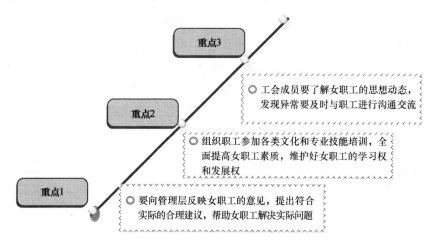

图 4—3　女工委员会应做好的三项工作

4.1.3　建立女工的卫生档案

女工的身体健康不仅关系到女工自己，而且还会影响她所孕育的子女的健康状况，关系到社会的和谐以及国家的未来。

为了落实《女职工劳动保护特别规定》，保障女职工的身体健康，企业应该每年至少对女职工进行一次妇科健康检查。

女工妇科疾病检查是一项维护女工特殊权益的重要工作。各企业工会要认真组织好本单位女工的健康检查，并建立女工健康档案和体检台账，即建立女工卫生档案。女工卫生档案为女工妇科疾病的诊治和下一年度妇科疾病的检查提供了可靠的材料支持。女工卫生档案表见表 4—1。

表 4—1　　　　　　　　女工卫生档案表

单位名称		女职工人数	
妇科普查情况			
普查时间	参加普查人数		普查医院

续表

"两癌"检查情况					
检查时间	参加检查人数	参加"两癌"保险人数	患"两癌"人数		已赔付金额
			乳腺癌	子宫癌	
落实"四期"保护人数					
经期		孕期		产期	哺乳期
落实劳动保护人数					

4.1.4 实行定期的体检制度

为了切实维护女职工的合法权益和特殊利益，保障女职工的健康，使女职工能够尽早预防疾病，患病能够早发现、早诊断、早治疗，企业应该定期组织女职工进行体检，并制定详细的体检制度。

下面是企业定期体检制度的范例。

制度名称	班组女职工定期体检制度			受控状态	
				编　号	
执行部门	各车间班组	监督部门	生产部	编修部门	

第1章　总　　则

第1条　目的

为全面贯彻落实《女职工劳动保护特别规定》，更好地关心和爱护公司女职工，保护女职工的健康，提高女职工的身体素质，推动公司生产顺利进行，特制定本制度。

第2条　适用范围

本制度适用于企业各班组所有女职工。

第3条　职责划分

女职工的定期体检由企业行政人事管理部组织，女工委员会和班组长协助各项工作的开展。

第2章　班组女职工体检内容

第4条　体检的类别

1. 常规体检：女职工____岁以上者每年体检一次，其他为每两年体检一次。

2. 特殊体检：根据岗位需要为女职工定期进行一次专项体检。

第5条　体检项目

1. 常规体检：血糖、血脂、肝功能、内科、外科、耳、眼、胸透、B超、妇科等。

制度名称	班组女职工定期体检制度		受控状态	
			编 号	
执行部门	各车间班组	监督部门	生产部	编修部门	

2. 特殊体检：妇科彩超（子宫、输卵管、卵巢、宫颈）、乳腺彩超、宫颈 TCT 检查等。

第3章 班组女职工体检规定

第6条 体检组织工作

组织体检的行政人事管理部或工会在接到体检通知后，需积极通知各班组女职工体检事宜，不得拖拖拉拉，更不能不通知。女职工在体检时需注意以下四点，如下图所示。

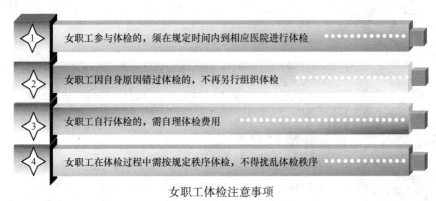

女职工体检注意事项

第7条 体检结果处理

1. 对检查中发现的癌症或重大疾病患者，除按规定享有有关医疗保障外，女工委员会还应该积极组织职工帮扶中心给予帮扶和救助。

2. 对检查中出现的疾病不符合工作岗位要求的，要通知本人进行复查；如复查仍有问题，应该给予调岗，或要求患者进行离岗治疗。

3. 检查合格者，继续工作。

第8条 体检资料归档

企业组织体检完毕后，由行政人事管理部填写"女工卫生档案表"，建立女职工体检电子档案，体检报告备案保存。

第9条 体检费用

企业女职工定期体检所耗的费用由公司统一支付。

第10条 定点医院

1. 企业女职工的定期体检统一在＿＿＿＿＿＿＿＿＿＿进行。

2. 联系人：＿＿＿＿＿。联系电话：＿＿＿＿＿＿。

第4章 附 则

第11条 本制度由行政人事管理部制定和负责解释。

第12条 本制度自颁布之日起执行。

修订记录	修订标记	修订处数	修订日期	修订执行人	审批签字

4.1.5 女职工安全卫生管理

根据《女职工劳动保护特别规定》的规定，企业应当加强女职工劳动保护，采取措施改善女职工劳动安全卫生条件，对女职工进行劳动安全卫生知识培训。

1. 完善女职工劳动安全卫生条件

企业应当采取措施完善女职工劳动安全卫生条件，满足女职工在经期、孕期、哺乳期工作的基本安全要求，具体要求如图4—4所示。

经期工作安全要求
◎ 不得安排女职工经期从事高处、低温、冷水作业和国家规定的第三级体力劳动强度的劳动

孕期工作安全要求
◎ 不得安排女职工在孕期从事国家规定的第三级体力劳动强度的劳动和孕期禁忌从事的劳动
◎ 对怀孕6个月以上（含6个月）的女职工，不得安排其延长工作时间和夜班劳动，并在劳动时间内安排一定的休息时间
◎ 若孕期女职工不能胜任原劳动，则应当根据医务部门的证明，减轻其劳动量或者安排其他劳动

哺乳期工作安全要求
◎ 哺乳期女职工应遵守上述所说的孕期工作的安全要求
◎ 不得安排哺乳期女职工在空气中含有锰、氟、溴、甲醇、有机磷化合物、有机氯化合物等有毒物质的作业场所从事劳动

图4—4　女职工劳动安全的具体要求

另外，企业除了要符合女职工的劳动安全要求以外，还应采取措施保障女职工的劳动环境卫生，具体可采取的措施如图4—5所示。

1 ◎ 对企业女职工的卫生室和休息室的设备进行更换，如卫生室的卫生冲洗设备、热水器等，以便女职工能够正常使用

2 ◎ 为企业女职工提供卫生防护用品以及女职工劳动防护用品，以保证女职工的健康安全，满足女职工的生理需求

3 ◎ 改善女职工的生产环境，更换陈旧的生产设备，为具有粉尘、有毒有害物质、噪声的工作场所设置必要的防护设施和设备

图4—5　保障女职工劳动环境卫生的具体措施

2. 安全卫生知识培训

根据《中华人民共和国劳动法》有关规定，女职工在劳动安全卫生方面拥有

教育培训的权利。企业对女职工进行安全卫生知识培训的主要内容如下。

（1）企业人力资源部应组织利用企业法律法规宣传手册、公告栏等多种方式，让女职工深入掌握《中华人民共和国劳动法》《中华人民共和国妇女权益保障法》《女职工劳动保护办法》等法律法规，提高女职工劳动保护的法制观念。

（2）企业人力资源部应全方位地开展女职业安全培训工作，提高女职工的素质，对广大女职工进行"四有""四自"教育，增强女职工的自我保护能力。其中，"四有"指"有理想、有道德、有文化、有纪律"，"四自"指"自尊、自信、自立、自强"。

4.2　女职工怀孕期间劳动防护

4.2.1　漫画解说班组女职工怀孕期间劳动防护

4.2.2　实行孕期定期体检制

女职工怀孕后，企业不能以怀孕为由，在薪酬待遇、职务任免或升降、评定专业技术职务任职资格等方面歧视孕妇。另外，怀孕女职工在劳动时间内进行产前检查，应当算作劳动时间。

企业应该制定专门的制度，对女职工孕期的定期检查进行规定。下面是一个范例。

制度名称	班组女职工孕期定期体检管理办法		受控状态	
			编　号	
执行部门	各车间班组	监督部门　生产部	编修部门	

第1条　目的
为了女职工在孕期里的安全，保证女职工的身体健康，维护女职工的合法权益，保证公司生产工作顺利进行，特制定本办法。
第2条　适用范围
本管理办法适用于企业里所有怀孕的女职工。
第3条　怀孕女职工在怀孕后，应该主动向公司行政人事管理部出示正规医疗机构开具的怀孕证明，以便公司安排工作。
第4条　公司行政人事管理部获得女职工怀孕相关资料后，应给予女职工在规定期限内的定期体检权利。
第5条　在规定期限内，怀孕女职工的定期体检时间应计入劳动时间，不应扣除工资。
第6条　怀孕女职工不得以怀孕检查为名，请假做其他无关的事情。若被发现，则将其请假时间按事假或旷工计薪。
第7条　孕期女职工定期体检时，可自由决定体检项目，也可按参考建议进行体检，具体的孕期检查时间及项目规定参照"孕期检查表"。
第8条　若女职工怀孕检查超出规定时间，则按病假扣除相应时间的工资。
第9条　其他事宜参照国务院颁布的《女职工劳动保护特别规定》。
第10条　本办法由行政人事管理部负责制定、解释和修订。
第11条　本办法经总经理审批后方可颁布实施。

修订记录	修订标记	修订处数	修订日期	修订执行人	审批签字

企业需根据相关医疗机构给出的孕期及哺育资料，制定详细的孕期体检管理办法。一般情况下，怀孕女职工的第一次产检是在怀孕的第12周。表4—2可以为企业对女职工孕期检查的管理提供依据。

表4—2　　　　　　　　　　孕期检查时间和项目对照表

产检频率	怀孕的周期	检查的项目
第一次产检	孕12周	初次产检（血压、体重、宫高、腹围、多普勒、妇检）、孕期营养监测、B超、心电图、MDI分泌物

产检频率	怀孕的周期	检查的项目
第二次产检	孕 16～20 周	产检、唐氏筛查、血常规＋血型、尿常规、肝功＋两对半、血糖、血钙、血脂、丙肝抗体、梅毒反应素、HIV 抗体、优生四项、微量元素等
第三次产检	孕 20～24 周	产科检查（宫高、腹围、胎心、血压、体重）、妊娠期高血压预测、妊娠期糖尿病筛查（糖筛）、大畸形筛查
第四次产检	孕 28～30 周	产科检查（宫高、腹围、胎心、血压、体重）、B超、血常规、尿常规
第五次产检	孕 32～34 周	产科检查（宫高、腹围、胎心、血压、体重）、血常规、尿常规
第六次产检	孕 36 周	产科检查（宫高、腹围、胎心、血压、体重）、胎心监护
第七次产检	孕 37 周	产科检查（宫高、腹围、胎心、血压、体重）、胎心监护、彩超、血常规、尿常规
第八次产检	孕 38 周	产科检查（宫高、腹围、胎心、血压、体重）、胎心监护
第九次产检	孕 39 周	产科检查（宫高、腹围、胎心、血压、体重）、胎心监护
第十次产检	孕 40 周	产科检查（宫高、腹围、胎心、血压、体重）、胎心监护、B超、血凝四项、血常规、尿常规、心电图

企业行政人事管理部需对怀孕女职工孕期定期体检情况做出详细的记录，记录孕期女职工定期体检的具体时间、消耗工作时长、次数、批准人等详细信息，并制作成表格归档，方便以后查看。

4.2.3　实行孕期劳动照顾制

企业在女职工怀孕期间，应该制定特殊照顾制度，以保护女职工的权益。特殊照顾制度主要包括聘用、劳动强度、劳动时间、假期安排等各方面，具体如下面的制度范例所示。

制度名称	班组女职工孕期劳动照顾管理办法		受控状态	
			编　号	
执行部门	各车间班组	监督部门	生产部	编修部门

第 1 章　总　则

第 1 条　目的

为全面贯彻落实《女职工劳动保护特别规定》，更好地关心和爱护公司女职工，为公司营造和谐的氛围，带动广大职工的劳动热情，推动公司生产顺利进行，特制定本办法。

第 2 条　适用范围

本办法适用于公司各班组的怀孕女职工。

制度名称	班组女职工孕期劳动照顾管理办法		受控状态	
			编　号	
执行部门	各车间班组	监督部门　生产部	编修部门	

第 2 章　孕期女职工聘用规定

第 3 条　公司行政人事管理部和生产管理人员不得以怀孕、产假为由，辞退孕期女职工或单方面解除劳动合同。

第 4 条　女职工劳动合同在孕期、产期内到期的，公司行政人事管理部不得终止劳动合同，劳动合同应延续至孕期期满为止。

第 5 条　公司管理人员不能因以下理由辞退孕期女职工。

1. 孕期女职工因公负伤，不能从事原工作，也不能从事公司安排的其他工作的。

2. 孕期女职工不能胜任工作，经过培训或者调整工作岗位，仍不能胜任工作的。

3. 由于客观情况发生重大变化，致使原劳动合同无法履行，协商不能变更劳动合同或达成协议的。

第 3 章　孕期女职工劳动保护规定

第 6 条　工资和津贴保护

1. 怀孕女职工的工资水平在孕期、产假期间不会被降低。

2. 怀孕女职工在产假期间享受生育津贴的保护。

(1) 对已参加生育保险的，按照用人单位上年度职工月平均工资的标准，由生育保险基金支付。

(2) 对尚未参加生育保险的，按照女职工产假前工资的标准由公司支付。

3. 女职工生育或流产的医疗费用，按照生育保险规定的项目和标准执行。

(1) 对已参加生育保险的，由生育保险基金支付。

(2) 对尚未参加生育保险的，由公司支付。

第 7 条　劳动强度保护

1. 孕期女职工不能胜任原劳动的，班组长应根据其提供的医疗证明，减小其劳动量，或者跟车间主任协商，安排其他劳动。

2. 公司遵守国家有关孕期女职工禁忌从事的劳动范围的规定，将孕期女职工禁忌从事的劳动范围的岗位书面告知女职工。女职工在孕期禁忌从事的劳动范围如下图所示。

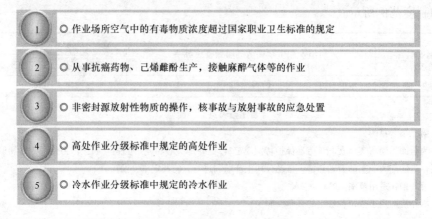

续表

制度名称	班组女职工孕期劳动照顾管理办法		受控状态	
			编　　号	
执行部门	各车间班组	监督部门　生产部	编修部门	

◎ 低温作业分级标准中规定的低温作业	6
◎ 高温作业分级标准中规定的第三级、第四级作业	7
◎ 噪声作业分级标准中规定的第三级、第四级作业	8
◎ 体力劳动强度分级标准中规定的第三级、第四级体力劳动强度的作业	9
◎ 在密闭空间、高压室作业或潜水作业时，伴有强烈振动或需要频繁弯腰、攀高、下蹲的作业	10

孕期女职工禁忌从事的劳动范围

第8条　劳动时间保护

1. 女职工孕期，班组长以及其上级不得延长劳动时间，一般不得安排其从事夜班劳动。

2. 怀孕____个月以上的女职工，班组长及管理人员应在劳动时间内安排一定的休息时间。

3. 孕期女职工在正常劳动时间内进行产前检查，应计入劳动时间，按正常出勤对待，不能按病假、事假或者旷工处理。

第9条　休息保护

如果部门女职工较多，应该设置专门的女职工休息室、孕妇休息室，妥善解决女职工的困难。

第10条　工作保护

在劳动作业场所，公司应该预防和制止对女职工的性骚扰，一旦发现，严厉惩罚。

第4章　孕期女职工休假规定

第11条　公司按照国家规定，给予女职工98天的产假，其中产前可享受15天产假。

第12条　如果女职工难产，可增加15天产假。

第13条　对于生育多胞胎的女职工，每多生育1个婴儿，增加15天产假。

第14条　对于流产的女职工，公司给予特别假期。

1. 对怀孕未满4个月流产的女职工，给予15天产假。

2. 对怀孕满4个月流产的女职工，给予42天产假。

第15条　女工委员会应依法对公司各部门遵守本规定的情况进行监督。

第5章　附　则

第16条　本制度由行政人事管理部负责制定和解释。

第17条　本制度自颁布之日起执行。

修订记录	修订标记	修订处数	修订日期	修订执行人	审批签字

4.2.4 实行孕期环境更换制

女职工怀孕早期，一般都会继续留在企业工作，孕妇的大部分时间都是在企业，所以企业的环境对胎儿的影响也是比较大的。

由于工作环境对孕妇的影响比较大，而孕期女职工不能在不适宜胎儿成长的环境中长期工作，因此，企业要采取措施，对怀孕女职工的工作环境作出改善。

常见的对胎儿有影响的工作环境有以下七种，如图4—6所示。

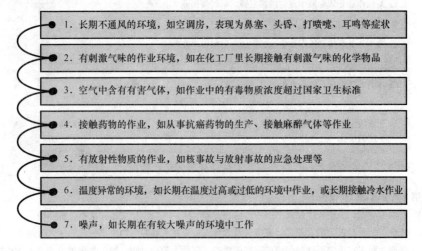

1. 长期不通风的环境，如空调房，表现为鼻塞、头昏、打喷嚏、耳鸣等症状

2. 有刺激气味的作业环境，如在化工厂里长期接触有刺激气味的化学物品

3. 空气中含有有害气体，如作业中的有毒物质浓度超过国家卫生标准

4. 接触药物的作业，如从事抗癌药物的生产、接触麻醉气体等作业

5. 有放射性物质的作业，如核事故与放射事故的应急处理等

6. 温度异常的环境，如长期在温度过高或过低的环境中作业，或长期接触冷水作业

7. 噪声，如长期在有较大噪声的环境中工作

图4—6 常见的不良的工作环境

长期在不良的环境中作业，对孕期女职工和胎儿的健康极其不利。怀孕女职工在孕期可向企业提出申请，更换作业环境。企业管理人员接到申请后，可采用两种方式更换环境，如图4—7所示。

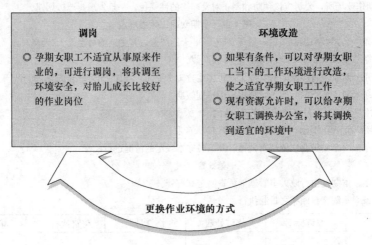

调岗
◎ 孕期女职工不适宜从事原来作业的，可进行调岗，将其调至环境安全，对胎儿成长比较好的作业岗位

环境改造
◎ 如果有条件，可以对孕期女职工当下的工作环境进行改造，使之适宜孕期女职工工作
◎ 现有资源允许时，可以给孕期女职工调换办公室，将其调换到适宜的环境中

更换作业环境的方式

图4—7 更换孕期女职工作业环境的方式

　　班组长应协助孕期女职工准备资料，向车间主任提出更换环境申请。车间主任接到申请后，要及时向行政人事管理部反映，并提交资料。

　　行政人事管理部下发调岗或改造作业环境的文件通知后，车间主任和班组长要积极执行落实，保障孕期女职工的权益。

4.3　女职工哺乳期间劳动防护

4.3.1　漫画解说班组女职工哺乳防护

4.3.2　实行哺乳期休假制度

女职工在产假结束后，每天需要一定的时间对婴儿进行哺乳。生产企业应该依据《女职工劳动保护特别规定》，结合企业自身情况，制定女职工哺乳期的休假制度，保证女职工的合法权益。

下面是一个关于女职工哺乳期休假的制度范例。

制度名称	班组女职工哺乳期休假制度		受控状态		
			编　号		
执行部门	各车间班组	监督部门	生产部	编修部门	

第1章　总　则

第1条　目的

为全面贯彻落实《女职工劳动保护特别规定》，保护哺乳期女职工的合法权益，让其感受到公司的关心和爱护，提高其忠诚度，同时树立公司的社会信誉，保证生产的顺利进行，特制定本制度。

第2条　适用范围

本制度适用于公司哺乳期的女职工。

第3条　职责分工

1. 班组长或车间主任负责女职工哺乳期间的工作安排。

2. 行政人事管理部负责女职工休假管理和每天哺乳时间的记录工作。

第2章　哺乳期女职工上班时间规定

第4条　对于哺乳未满1周岁婴儿的女职工（以下简称"哺乳期女职工"），生产车间主任、班组长或其他管理人员不得延长其劳动时间。

第5条　车间主任、班组长或其他管理人员不得给哺乳期的女职工安排夜班劳动。

第6条　车间主任、班组长或其他管理人员在安排工作时，应该特别给哺乳期的女职工留出哺乳时间，具体内容如下图所示。

- 在每天的劳动时间内，为哺乳期女职工安排1小时哺乳时间

- 生育多胞胎的女职工，每多哺乳1个婴儿，每天增加1小时哺乳时间

哺乳期女职工每天哺乳时间规定

第7条　婴儿满一周岁后，经区、县级以上医疗机构确诊为体弱儿的，公司可根据情况延长哺乳期女职工的授乳时间，但最多不超过6个月。

第8条　哺乳期女职工应自觉遵守公司的规定。若哺乳期女职工不能严格遵守相应时间规定的，超出的时间按照迟到、早退计算。

第9条　班组女工委员会应对车间班组的保护措施进行监督，以保障哺乳期女职工的合法权益。

续表

制度名称	班组女职工哺乳期休假制度			受控状态	
				编　号	
执行部门	各车间班组	监督部门	生产部	编修部门	

第3章　哺乳期女职工休假规定

第10条　哺乳期女职工在哺乳期间，应自觉遵守公司有关哺乳期女职工的规章制度，不迟到，不早退，正常上班。

第11条　女职工在哺乳期内以哺乳为目的的休假，按病假计算，具体规定如下。

- 以哺乳为目的的休假不超过15天的，按病假计算

- 以哺乳为目的的休假最多不得超过15天，超过的部分以事假计算

- 休假连续1个月以上，累计2个月以上的，公司与之协商停薪留职事宜

以哺乳为目的的休假规定

第12条　哺乳期女职工在休假之前，应与车间主任、班组长或者项目负责人做好工作交接，以免耽误生产进度。

第13条　车间主任、班组长在接到哺乳期女职工的休假申请时，应先查看其工作进度，合理安排其他作业人员继续其作业。若需其本人完成的，应要求其完成之后再休假。

第4章　附　则

第14条　本制度由行政人事管理部负责制定、解释和修订。

第15条　本制度自颁布之日起执行。

修订记录	修订标记	修订处数	修订日期	修订执行人	审批签字

4.3.3　实行工作内容宽松制

女职工在产后要进行长期哺乳，这使得女职工在营养上比其他职工欠缺很多，体力上也无法跟其他职工相比，身体比较脆弱。

如果这时再给女职工安排繁重的工作，更加剧了她们免疫功能的下降和更年期生理阶段的提前，甚至会导致她们出现疲乏无力、健忘、贫血等症状，影响正常的工作，进而影响企业生产任务的顺利进行。

为了保护女职工及其婴儿的健康，企业车间主任、班组长、其他管理人员及

女工委员会应该针对哺乳期的女职工采取一些工作宽松措施，具体内容至少包括以下七点，如图4—8所示。

1 ◇ 若哺乳期女职工身体虚弱，不能胜任原岗位工作的，可调换轻便的工作，或减小工作量

2 ◇ 严禁让哺乳期女工进行非密封源放射性物质的操作，以及核事故与放射事故的应急处置

3 ◇ 避免让哺乳期女工进行体力劳动强度分级标准中规定的第三级、第四级体力劳动强度的作业

4 ◇ 班组长或生产车间管理者不安排哺乳期的女职工从事夜班工作或加班加点的劳动

5 ◇ 根据哺乳期女职工的需要，可以建立哺乳室等设施，妥善解决女职工在哺乳方面的困难

6 ◇ 尽量避免安排哺乳期女职工从事接触噪声的作业

7 ◇ 若哺乳期满时是夏季，可根据具体情况适当延长哺乳期

图4—8 哺乳期女职工工作宽松措施列举

除上述措施外，国家明令禁止的有害作业也不能由哺乳期女职工进行，例如，哺乳期女工不得在空气中有毒物质浓度超过国家职业卫生标准的作业场所作业。这里的有毒物质主要包括铅及其化合物、汞及其化合物、苯、镉、铍、砷、锰、氟、溴、氰化物、氮氧化物、一氧化碳、二硫化碳、氯、己内酰胺、氯丁二烯、氯乙烯、环氧乙烷、苯胺、甲醛、甲醇、有机磷化合物、有机氯化合物等。

第 5 章

优秀班组职业病防护

5.1 优秀班组职业病预防

5.1.1 漫画解说班组职业病预防

5.1.2　提出职业健康目标制定方案

为了有效地进行职业健康管理，企业需制定符合企业实际的职业健康目标，以指导职业健康管理工作。下面是一个职业健康目标制定方案。

文件名称		职业健康目标制定方案		受控状态	
				编　号	
执行部门		监督部门		编修部门	

一、目的

为了明确职业健康目标的制定工作，确保职业健康目标的合理性，特制定本方案。

二、适用范围

本方案适用于本公司职业健康目标的制定。

三、术语解释

本方案所称的职业健康目标是指依据公司的职业健康安全政策、规定，企业需要实现的总体目标。

四、职业健康目标

1. 岗前安全培训率达到100%。

2. 专项作业安全培训率达到100%。

3. 死亡事故为0人/件。

4. 重伤事故为0人/件。

5. 轻伤负伤率小于4%。

6. 职业病新增事件为0人/件。

五、制定职业健康目标的依据和要求

1. 职业健康安全方针。

2. 职业健康安全相关法律、法规和其他要求。

3. 优先考虑中、高度危险源。

4. 可选择的技术方案。

5. 财务、运行和经营要求。

6. 相关方的期望和要求。

六、制定步骤

1. 职业健康管理人员组织相关部门分别拟定职业健康目标。

2. 职业健康管理人员整理汇总职业健康目标后，报公司管理者代表审核，并在总经理批准后下发各部门。

七、职业健康目标的评审和修订

1. 评审时机

职业健康目标的评审时机如下所示：

(1) 管理评审时。

(2) 目标制定的依据发生重大变化时。

(3) 目标无法完成时。

(4) 总经理和管理者代表发现制定不合理或其他情况认为有必要修改时。

2. 评审和修订由职业健康管理人员组织实施，按照职业健康目标制定步骤和要求。

续表

文件名称	职业健康目标制定方案		受控状态	
			编 号	
执行部门		监督部门	编修部门	

八、职业健康目标的实施与监督检查

1. 各部门组织对涉及本部门的职业健康目标的实施。

2. 各部门对本部门相关职业健康目标的完成情况进行检查，每季度向职业健康管理人员报告一次。

3. 职业健康管理人员每半年进行一次检查和考核，将结果报告给管理者代表。

修订记录	修订标记	修订处数	修订日期	修订执行人	审批签字

5.1.3 策划职业健康目标管理措施

为了排除生产过程中相关因素对职业健康目标的影响，企业需对技术、质量、材料、设备、作业人员进行管理，具体的管理措施见表5—1。

表5—1　　　　　　　　　　职业健康目标管理措施

管理项目	职业健康目标管理措施
安全生产管理	◆贯彻落实安全生产法律法规、方针政策及企业有关的规章制度 ◆建立安全生产管理网络、安全生产管理制度，配备专职安全管理人员 ◆对生产过程中存在的危险因素进行辨识、评价、更新，建立危险源清单 ◆建立应急救援组织，配备应急救援人员、器材、材料、设备 ◆组织进行应急救援预案演练 ◆组织安全教育、安全活动，定期召开安全会议 ◆进行安全生产检查，落实隐患整改措施 ◆督促生产现场安全防护设施和劳动防护用品使用的落实 ◆发生事故后，积极组织人员抢救，并配合事故的调查处理 ◆对违反安全技术规范、操作规程的行为，及时予以制止和纠正
质量技术管理	◆执行国家有关安全生产的法律法规、规章制度及规范标准 ◆严格按照安全技术规程、规范、标准执行 ◆严格进行质量管理，杜绝因质量不合格而引发的生产事故 ◆参加安全生产检查，对生产中存在的不安全因素，从技术上提出整改意见和办法 ◆编制安全技术方案及安全技术交底，并督促落实情况
物资设备管理	◆负责现场材料、机械设备的进场验收 ◆进场材料按规范堆放，避免因材料垮塌、滑落而发生生产事故 ◆正确操作、使用及精心维护设备，保持作业环境的整洁，搞好文明生产

续表

管理项目	职业健康目标管理措施
环境保护管理	◆ 进行安全环境保护工作，杜绝因环境因素引发的生产事故 ◆ 发现生产现场存在不安全因素时，应及时报告经理或通知安全专员 ◆ 妥善保管和正确使用各种安全防护器具和安全防护用品 ◆ 进行应急救援预案演练，配合安全生产检查
作业人员管理	◆ 负责作业范围内的安全管理 ◆ 作业人员应正确使用劳动防护用品 ◆ 发现重大安全隐患时，有权停止生产 ◆ 严格执行安全生产的各项规章制度，认真落实和实施安全技术交底 ◆ 发生事故时应积极组织抢救，保护好现场，并立即上报领导 ◆ 禁止"三违"作业

5.1.4 有序进行职业健康目标推进

1. 职业健康目标推进程序

企业在提出职业健康目标方案、制定出职业健康目标管理措施之后，应进行职业健康目标的推进。职业健康目标的推进程序如图5—1所示。

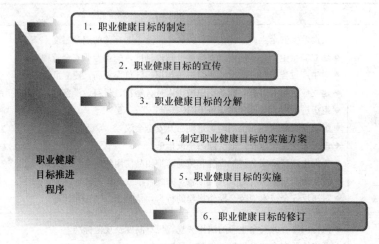

图5—1 职业健康目标推进程序

2. 职业健康目标推进详解

（1）职业健康目标的宣传。由职业健康管理人员组织相关人员采用各种宣传方式进行职业健康目标的宣传，保证使员工对职业健康目标有基本的认识。

（2）职业健康目标的分解。职业健康管理人员将企业制定的职业健康总目标进行分解，并分配至各部门。各部门协助职业健康管理人员进行目标分解，确定各部门的职业健康目标，并制作"职业健康目标分解表"。职业健康目标的分解需保证所有部门均有详细的职业健康目标，所有目标汇总起来应该达到企业的总目标。

（3）制定目标的实施方案。由职业健康管理人员组织相关部门拟订职业健康目标管理方案，并上报上级领导审核、审批，审批通过后下发至各部门。实施方案的要求如图5—2所示。

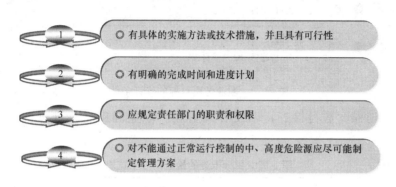

1	○ 有具体的实施方法或技术措施，并且具有可行性
2	○ 有明确的完成时间和进度计划
3	○ 应规定责任部门的职责和权限
4	○ 对不能通过正常运行控制的中、高度危险源应尽可能制定管理方案

图5—2　实施方案的要求

（4）职业健康的目标实施。各相关部门负责实现各自的职业健康目标，并在每季度前对上季度的目标完成情况进行跟踪及评审，评审结果见表5—2。

表5—2　　　　　　　　　职业健康目标实施的评审结果一览表

评审结果	处理措施
按预定目标完成的	◆按预定目标完成职业健康管理的，按照原实施方案进行下次目标的实施
未按预定目标完成的	◆未按预定目标完成职业健康管理的、但不影响年度总目标的，应严格进行职业健康管理，并对未达目标情况备注原因并进行改善
目标确实无法达成的	◆如职业健康目标确实无法达成的，则需检讨职业健康目标的实施方案或修订目标指标

职业健康管理人员监督检查全企业各部门目标的推行进度，汇总职业健康目标管理表并报上级领导审核、审批。当发现不能按规定计划完成目标或必须修订目标指标时，按职业健康安全管理体系程序文件中的纠正与预防措施控制程序执行。

（5）职业健康的目标修订。当出现下述情况时，职业健康管理人员应召集相关人员对职业健康目标进行修订，具体的修订条件如图5—3所示。

5.1.5　检查职业健康目标推进程度

为了确保职业健康目标的推进，职业健康管理人员需对企业职业健康

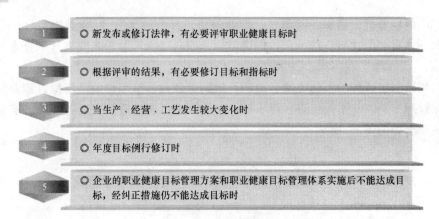

1 ◎ 新发布或修订法律，有必要评审职业健康目标时

2 ◎ 根据评审的结果，有必要修订目标和指标时

3 ◎ 当生产、经营、工艺发生较大变化时

4 ◎ 年度目标例行修订时

5 ◎ 企业的职业健康目标管理方案和职业健康目标管理体系实施后不能达成目标，经纠正措施仍不能达成目标时

图 5—3　职业健康目标的修订条件

目标的推进程度进行检查，以便有效实施。职业健康目标推进的检查内容见表 5—3。

表 5—3　　　　　　职业健康目标推进的检查内容一览表

目标推进阶段	检查内容
目标制定阶段	◆ 是否设定了职业健康目标 ◆ 目标是否形成文件 ◆ 是否经领导批准
目标宣传阶段	◆ 职业健康目标是否进行全面宣传 ◆ 员工是否了解职业健康目标
目标分解阶段	◆ 各部门是否均有相应的目标 ◆ 目标是否分解到有关的职能和层次 ◆ 目标是否具体并尽可能量化 ◆ 目标是否尽可能地具有可测量性，有无测量目标的方法 ◆ 是否设置了必要的可测量参数
实施方案制定	◆ 是否制定了实施目标的方案 ◆ 实现目标的方案是否可行 ◆ 是否考虑了技术上的问题、财政及作业上的要求 ◆ 企业资源能否保证目标的实现
目标实施阶段	◆ 目标是否得到了落实 ◆ 是否明确了相关责任部门和负责人 ◆ 是否已向相关人员传达 ◆ 员工是否清楚 ◆ 检查绩效测量结果，确认目标是否实现
目标修订阶段	◆ 职业健康目标是否定期评审、修订 ◆ 目标的评审、修订是否体现持续改进

5.2　优秀班组职业健康检查

5.2.1　漫画解说班组职业病体检

5.2.2　界定职业健康检查范围

1. 职业健康检查目标疾病的分类

为有效地开展职业健康检查，每个检查项目应明确规定检查的目标疾病。职业健康检查目标疾病分为职业病和职业禁忌证。

职业病是指企业、事业单位和个体经济组织的劳动者在职业活动中，因接触粉尘、放射性物质和其他有毒、有害物质等因素而引起的疾病。

有职业禁忌证的人员在从事接触特定职业病危害因素作业时，易导致健康损害。GBZ 188—2007《职业健康监护技术规范》明确规定，能致劳动能力永久丧失的疾病不列为职业禁忌证。

职业健康检查的目标疾病应根据以下原则确定。

（1）目标疾病如果是职业禁忌证，应确定职业病危害因素和所规定的职业禁忌证的关系及相关程度。

（2）目标疾病如果是职业病，应是《职业病分类和目录》中规定的疾病，应和职业病危害因素有明确的因果关系，并要有一定的发病率。

（3）有确定的监护手段和医学检查方法，能够做到早期发现目标疾病。

（4）早期发现后采取的干预措施能对目标疾病的转归产生有利的影响。

2. 职业健康检查的类别

GBZ 188—2007《职业健康监护技术规范》将职业健康检查分为强制性和推荐性两种，除了在各种职业病危害因素相应的项目中标明为推荐性健康检查外，其余均为强制性。

（1）已列入国家颁布的《职业病危害因素分类目录》的危害因素，符合图5—4所示的条件者，应实行强制性职业健康检查。

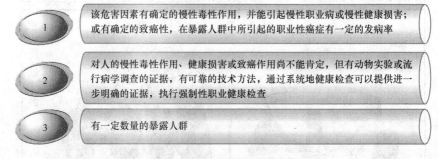

图 5—4　强制性职业健康检查的条件

（2）从事的岗位所接触的职业病危害因素已列入国家颁布的《职业病危害因素分类目录》，对人体健康损害只有急性毒性作用，但有明确的职业禁忌证的职工，上岗前应进行强制性健康检查，在岗期间执行推荐性健康检查。

（3）对接触《职业病危害因素分类目录》以外的危害因素的职工是否开展健康检查，需经过专家评估后确定，评估标准如图5—5所示。

（4）有特殊健康要求的特殊作业人群也应进行强制性健康检查。

3. 需接受职业健康检查的人员界定

根据 GBZ 188—2007《职业健康监护技术规范》的规定，需接受职业健康检查的人员的界定原则如下所示。

◆ 这种物质在国内正在使用或准备使用，且有一定量的暴露人群

◆ 查阅相关文献，主要是毒理学研究资料，确定其是否符合国家规定的有害化学物质的分类标准及其对健康损害的特点和类型

◆ 查阅流行病学资料及临床资料，有证据表明其存在损害劳动者健康的可能性或有理由怀疑在预期的使用情况下损害劳动者健康

◆ 对这种物质可能引起的健康损害，是否有开展健康监护的正确、有效、可信的方法，需要确定其敏感性、特异性和阳性预计值

◆ 健康监护能够对个体或群体的健康产生有利的结果。对个体可早期发现健康损害并采取有效的预防或治疗措施；对群体健康状况的评价可以预测危害程度和发展趋势，采取有效的干预措施

◆ 健康监护的方法是劳动者可以接受的，检查结果有明确的解释

◆ 符合医学伦理道德规范

图 5—5　对接触《职业病危害因素分类目录》以外的危害因素的
职工开展健康检查的评估标准

（1）接触需要开展强制性健康检查的职业病危害因素的人群，都应接受职业健康检查。

（2）接触需要开展推荐性健康检查的职业病危害因素的人群，原则上应按照用人单位的安排接受健康检查。

（3）虽不是直接从事接触需要开展职业健康检查的职业病危害因素的作业，但在工作中受到与直接接触人员同样的或几乎同样的接触，应视为职业性接触，需和直接接触人员一样接受健康检查。

（4）根据不同职业病危害因素暴露和发病的特点及剂量—效应关系，应确定暴露人群或个体需要接受健康监护的最低暴露水平，其主要根据是工作场所有害因素的浓度或强度，以及个体累计暴露时间。

（5）离岗后健康检查的随访时间，主要根据个体累积暴露量和职业病危害因素所致健康损害的流行病学和临床特点决定。

5.2.3 明确接受职业健康检查的人员

职业健康检查分为上岗前检查、在岗期间定期检查、离岗时检查、离岗后医学随访和应急健康检查五类。也可按此标准将接受职业健康检查的人员分为五类。

1. 上岗前需接受检查的人员

上岗前健康检查的主要目的是发现新录用人员有无职业禁忌证，建立接触职业病危害因素人员的基础健康档案。上岗前健康检查均为强制性职业健康检查，应在开始从事有害作业前完成检查。下列人员应接受上岗前健康检查。

（1）拟从事接触职业病危害因素作业的新录用人员，包括转岗到该种作业岗位的人员。

（2）拟从事有特殊健康要求作业的人员，如从事高处作业、电工作业、职业机动车驾驶作业等的人员。

2. 在岗期间需定期接受健康检查的人员

在岗期间接受定期健康检查的主要目的在于发现早期职业病患者、疑似职业病患者或其他健康异常改变的劳动者，及时发现有职业禁忌证的劳动者，通过动态观察劳动者群体健康变化，评价工作场所职业病危害因素的控制效果。

定期健康检查的周期由不同职业病危害因素的性质、工作场所有害因素的浓度或强度、目标疾病的潜伏期和防护措施等因素决定。

长期从事接触需要开展健康监护的职业病危害因素作业的劳动者，均应进行在岗期间的定期健康检查。

3. 离岗时需接受健康检查的人员

离岗时健康检查的主要目的是确定其在停止接触职业病危害因素时的健康状况。下列人员需进行离岗时健康检查。

（1）准备离开所从事的需接触职业病危害因素的作业岗位的劳动者。

（2）如果离岗人员最后一次在岗期间的健康检查是在离岗前的 90 日内，可视为离岗时健康检查。

4. 离岗后需接受医学随访检查的人员

下列人员需进行离岗后医学随访检查。

（1）接触的职业病危害因素具有慢性健康影响或职业病有较长的潜伏期，在脱离接触后仍有可能发生职业病的人员。

（2）离岗后的尘肺病患者。

（3）根据有害因素致病的流行病学及临床特点、劳动者从事该作业的时间长短、工作场所有害因素的浓度等因素综合考虑确定需进行医学随访检查的人员。

5. 需接受应急健康检查的人员

应急健康检查是指在危害职工健康的安全事故发生后立即开始的健康检查。需进行应急健康检查的人员如下。

（1）当发生急性职业病危害事故时，对遭受或者可能遭受急性职业病危害的劳动者，应及时进行健康检查。

（2）从事可能产生职业性传染病作业的劳动者，以及在疫情流行期或近期密切接触传染源的劳动者。

5.2.4　职业健康检查结果的评估与报告

职业健康检查结果评估主要包括检查结果报告、检查总结报告、检查评价报告三部分，其中检查结果报告是对本次所有检查人员各项检查结果的概述，检查总结报告是对所有检查人员异常结果的总结性描述，检查评价报告是对所有检查人员最终的确定性结论。

1. 检查结果报告

检查结果报告是每位受检对象的体检表，由主检医师审阅后填写检查结论并签名。检查发现有可疑职业病、职业禁忌证、需要复查者和有其他疾病的劳动者，要出具检查结果报告，报告内容包括受检对象姓名、性别、接触职业病有害因素名称、检查异常所见、个体检查结论、建议等。

在检查结果报告中，个体检查结论是指根据职业健康检查结果，对劳动者个体的健康状况的结论，其可分为五种，具体如图5—6所示。

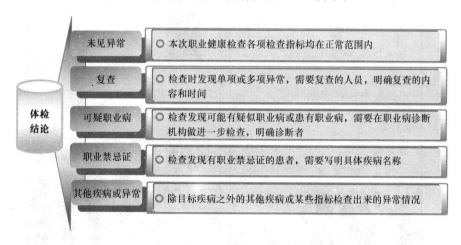

图5—6　职业健康检查结论

2. 检查总结报告

检查总结报告包括受检单位、受检人数、应检人数、检查时间和地点、发现的可疑职业病、职业禁忌证和其他疾病的人数、汇总名单、处理建议等。

3. 检查评价报告

检查评价报告是根据职业健康检查结果和工作场所监测的资料对职业病危害因素的危害程度、防护措施效果等进行的综合评价。检查评价报告应遵循法律严肃性、科学严谨性和客观公正性的原则。

5.3 优秀班组职业病确诊

5.3.1 漫画解说班组职业病确诊

5.3.2　疑似职业病患者复查

疑似职业病是指有可能是职业病，但没有经过正规医疗机构复查，无法确定的情况。

根据《用人单位职业健康监护监督管理办法》，企业应当组织接触职业病危害因素的劳动者进行定期职业病检查，对需要复查和医学观察的疑似职业病患者，应当尽快联系有资质和条件的医疗机构进行进一步检查和确认，用人单位应当予以配合。

1. 接触职业病危害因素的劳动者体检后，体检机构对职业健康检查中需要复查的劳动者，应在检查结束后 30 个工作日内，以书面形式发出"职业健康检查复查通知书"，通知劳动者和受检用人单位，并将复查名单抄送到具有职业病诊断资格的医疗机构。

2. 用人单位在 10 个工作日内安排复查人员到有职业病诊断资格的医疗机构复查。

3. 用人单位或劳动者持复查通知书和个人职业健康检查表，到职业病防治院职业病门诊进行复查。

4. 职业病防治院根据复查结果甄别复查人员是否疑似职业病，判断患者是否需要住院观察。

5. 对需要住院观察的疑似职业病患者，应出具"疑似职业病患者医学观察通知书"，一式三份，企业、劳动者和诊断机构各执一份。

6. 疑似职业病患者携带"疑似职业病患者医学观察通知书"住院观察，符合职业病诊断条件的，可向职业病防治院职业病诊断办公室申请职业病诊断。

5.3.3　职业病诊断鉴定实施

在确定体检人员疑似职业患者之后，需对职业病进行诊断和鉴定实施。职业病诊断工作应当由省级卫生行政部门批准的医疗卫生机构承担，具体的职业病诊断过程如下。

1. 职业病诊断申请

劳动者或企业可作为职业病诊断申请人，填写"职业病诊断申请表"，并提供如图 5—7 所示的材料。

2. 职业病诊断受理

职业病诊断机构对申请人提交的材料进行审核并决定是否受理。符合受理条件的，发送"职业病诊断申请受理通知书"；不符合受理条件的，发送"职业病诊断申请不予受理通知书"；没有职业病危害接触史、健康检查没有发现异常或所申请的职业病不属《职业病分类和目录》范畴的，职业病诊断申请不予受理。

图 5—7　职业病诊断申请材料

3. 职业病诊断

受理职业病诊断申请后，职业病诊断机构组织三名以上取得职业病诊断资格的执业医师对职业病患者进行集体诊断，职业病诊断机构做出职业病诊断后，出具"职业病诊断证明书"。

4. 领取"职业病诊断证明书"

申请人凭本人身份证和"职业病诊断申请受理通知书"领取"职业病诊断证明书"，职业病诊断证明书一式三份，企业、劳动者和诊断机构各执一份。

5. 职业病诊断鉴定

企业或劳动者对职业病诊断有异议的，在接到职业病诊断证明书之日起 30 日内，可向市卫生局申请鉴定，市卫生局组织职业病诊断鉴定委员在 2 个月内对职业病诊断结果进行鉴定。市卫生局职业病诊断鉴定委员会的办事机构设在疾病预防控制中心。

5.3.4　职业病诊断结果统计

职业病统计，是指存在职业病危害因素的企业在规定的时间内向所在地的县（区）级疾病预防控制机构报送的职业病信息，职业病信息要求及时、准确、数据完整。

1. 职业病统计对象

职业病的统计对象应当包括图 5—8 所示的员工。

2. 职业病统计判定程序

企业在报送职业病信息之前，需判断其是否符合职业病统计报送的条件，职业病统计的判定程序如图 5—9 所示。

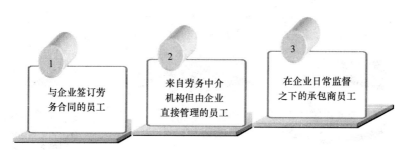

图 5—8　职业病的统计对象

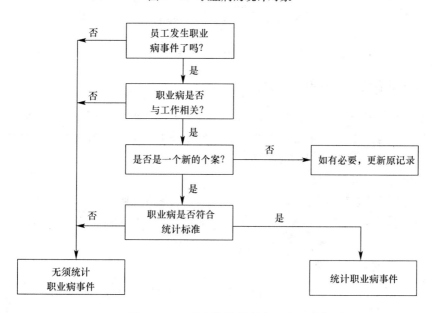

图 5—9　职业病统计的判定程序图

3. 职业病统计判定标准

（1）是否是新的个案？如果属于如下情况，则应当作新的个案（如图 5—10 所示）。

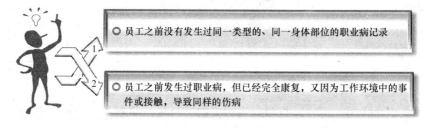

图 5—10　新个案的判定标准

（2）伤病程度是否达到职业病的统计标准？如果属于以下情况之一，则符合职业病的统计标准（如图 5—11 所示）。

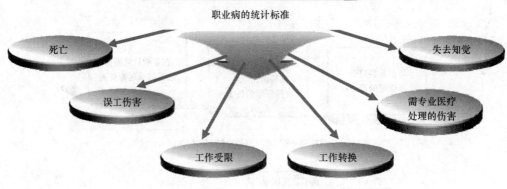

图 5—11　职业病的统计标准

5.3.5　建立详细职业病档案

企业应根据职业病防治的要求建立职业病档案。职业病档案是健康检查全过程的客观记录资料，是系统地观察劳动者健康状况变化、评价个体和群体健康损害的依据，其特征是资料的完整性、连续性。

1. 职业病档案

企业应建立员工的职业病档案，并按规定妥善保存。职业病档案包含的资料如下。

（1）员工的职业病诊断资料。员工职业病诊断的资料如图 5—12 所示。

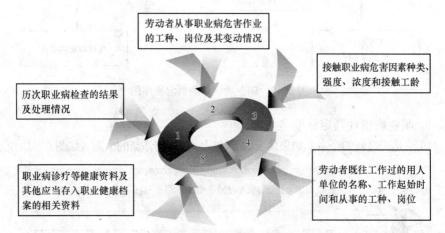

图 5—12　职业病诊断的资料内容

（2）职业病相关资料。与职业病相关的资料应按照职业卫生档案管理规定统一管理，具体的资料如下。

1）职业病体检委托书

2）职业病结果报告和评价报告

3）职业病报告卡

4）企业对职业病患者和职业禁忌证者处理和安置的记录

5）企业在职业病体检中提供的其他资料和职业病体检机构记录整理的相关资料

6）卫生行政部门要求的其他资料

2. 职业病档案管理

企业应建立和管理职业病档案，职业病档案应由专人严格管理，并按照国家相关法律、法规的规定移交保管。员工有权查阅、复印其本人的职业病档案。

5.4　优秀班组职业病就医

5.4.1　漫画解说班组职业病就医

5.4.2 职业病就医准备

职业病患者看病前应做好充分准备，在方便医生诊治的同时，也可避免重复检查造成时间与费用上的浪费。

1. 职业病就医档案的准备

职业病患者在就医之前需准备相应的材料，包括职业病检查结果、诊断资料等，以便医院对症治疗。职业病就医档案内容如图5—13所示。

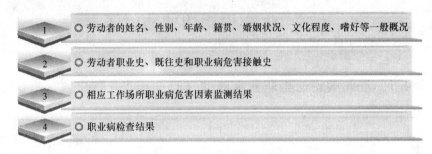

1	◎ 劳动者的姓名、性别、年龄、籍贯、婚姻状况、文化程度、嗜好等一般概况
2	◎ 劳动者职业史、既往史和职业病危害接触史
3	◎ 相应工作场所职业病危害因素监测结果
4	◎ 职业病检查结果

图5—13 职业病就医档案

2. 依法办理医疗保险

企业应为存在劳动关系的劳动者（含临时工）缴纳医疗保险费，以便对职业病的医治费用进行报销。

3. 职业病治疗费用的准备

确保职业病治疗必要的经费投入，主要包括职业病患者治疗、赔偿与康复、工伤保险等方面，职业病防治经费在生产成本中列支。企业应定期评估职业病治疗费用的投入是否与生产经营规模、职业危害的控制需求相适应。

5.4.3 职业病医疗费用准备

根据《中华人民共和国职业病防治法》以及企业的相关规定，为保障职业病患者安置工作的顺利开展，企业需制定费用预算。

1. 职业病医疗费用项目及承担人员

经检查机构验证，在企业工作期间患上职业病的，全部医疗费用由企业及保险公司承担。

（1）职业病患者依法享受国家规定的职业病待遇，企业应按照国家规定安排员工进行职业病检查、治疗、康复，费用一律由企业及保险公司承担。

（2）职业病患者治疗、康复的费用，伤残以及丧失劳动力的职业病患者的社会保障，按国家有关工伤保险的规定执行。

（3）职业病患者依法享有工伤社会保险外，依照有关民事法律，企业需对职业病患者进行赔偿。

2. 职业病费用明细

根据上述职业病患者费用项目及承担人员的内容，对职业病费用进行预算，其预算明细见表5—4。

表5—4   职业病患者费用预算明细表

预算项目		预算金额			
		职业病一	职业病二	…	合计
职业病诊断费用					
治疗康复费用	抢救费				
	医药费				
	住院费				
	伙食费				
	治疗护理费				
	定期检查费				
工资福利					
工伤保险					
社会保险					
赔偿金额					
合计					

5.4.4 劳动职业病就医护理

为了使患有职业病的员工了解护理工作，并很好地配合职业病护理人员，企业应了解职业病患者住院期间的护理方法，具体内容如下。

1. 了解职业病患者的情况

职业病患者接受医院治疗时，企业应对职业病患者进行了解，了解的内容如下所示。

（1）了解病人究竟患何种职业病。

（2）病人是否已经明确诊断，还是待诊断的疑似职业病患者。

（3）职业病患者的生命体征如何。

（4）是否需要进行医学急救或马上进行医学处理等。

（5）在了解了病人的具体情况后，根据医嘱进行护理，并及时将处理情况、病情的观察结果反馈给医生。

2. 职业病患者的护理措施

对于不同的职业病，其病情状况和身体状况都不相同，其具体的护理措施也不相同。表5—5列举了最为常见的职业病护理措施——尘肺病护理措施。

表5—5　　　　　　　　　　　　尘肺病护理措施

尘肺病护理方法	具体措施
增强体质	◆病人根据实际情况，坚持做医疗体操，以提高机体的抗病能力，如打太极拳、练气功、清早散步等，既能增强体质，又能锻炼心肺功能，但锻炼应因人而异，避免过度劳累
气温适宜	◆保持居室的温度适宜、空气新鲜，可减少上呼吸道感染
尘肺合并肺心病及心衰的护理	◆尘肺合并肺心病时，出现胸闷、气短、呼吸困难，有时活动后出现心悸、紫绀症状 ◆在护理中要注意安排患者休息，限制活动，避免过度劳累 ◆出现心衰时应卧床休息，呼吸困难时采取半坐位或坐位 ◆保持呼吸通畅，适量使用祛痰剂，对重患昏迷者要及时吸痰 ◆乏氧时，可低流量持续给氧，一般流量为1～2 L/min，特殊情况遵医嘱 ◆长期卧床的病人要预防褥疮 ◆准确记录液体出入量，密切观察体温、脉搏、呼吸、血压的变化，有变化应及时报告

5.4.5　确认职业病等级

职业病等级应根据造成致残失能的情况进行确定，具体将职业病等级分为十级，最重为一级，最轻为十级。职业病等级的确定参照表5—6。

表5—6　　　　　　　　　　　职业病等级分级标准一览表

等级	评定标准
一级	器官缺失或功能完全丧失，其他器官不能代偿，存在特殊医疗依赖，生活完全或大部分不能自理者 ◆肺功能重度损伤和呼吸困难Ⅳ级，需终生依赖机械通气 ◆尘肺Ⅲ期伴肺功能重度损伤或重度低氧血症。$PO_2 < 5.3$ kPa（40 mmHg） ◆其他职业性肺部疾患，伴肺功能重度损伤或重度低氧血症。$PO_2 < 5.3$ kPa（40 mmHg） ◆放射性肺炎后，两叶以上肺纤维化伴重度低氧血症。$PO_2 < 5.3$ kPa（40 mmHg） ◆职业性肺癌伴肺功能重度损伤 ◆职业性肝血管肉瘤，重度肝功能损害 ◆肝硬化伴食道静脉破裂出血，肝功能重度损害

续表

等级	评定标准
二级	器官严重缺损或畸形，有严重功能障碍或并发症，存在特殊医疗依赖或生活大部分不能自理者 ◆ 肺功能重度损伤或重度低氧血症 ◆ 尘肺Ⅲ期伴肺功能中度损伤或中度低氧血症 ◆ 尘肺Ⅱ期伴肺功能重度损伤或重度低氧血症。$PO_2 < 5.3$ kPa（40 mmHg） ◆ 尘肺Ⅲ期伴活动性肺结核；职业性肺癌或胸膜间皮瘤；职业性急性白血病 ◆ 急性重度再生障碍性贫血；慢性重度中毒性肝病；肝血管肉瘤 ◆ 职业性膀胱癌；放射性肿瘤
三级	器官严重缺损或畸形，有严重功能障碍或并发症，存在特殊医疗依赖或生活部分不能自理者 ◆ 尘肺Ⅲ期；尘肺Ⅱ期伴肺功能中度损伤或中度低氧血症 ◆ 尘肺Ⅱ期合并活动性肺结核 ◆ 放射性肺炎后两叶肺纤维化，伴肺功能中度损伤或中度低氧血症 ◆ 粒细胞缺乏症；再生障碍性贫血；职业性慢性白血病；中毒性血液病；骨髓增生异常综合征 ◆ 中毒性血液病，严重出血或血小板含量 $\leqslant 2 \times 10^{10}$/L ◆ 砷性皮肤癌；放射性皮肤癌
四级	器官严重缺损或畸形，有严重功能障碍或并发症，存在特殊医疗依赖，生活能自理者 ◆ 双耳听力损失 $\geqslant 91$ dB ◆ 尘肺Ⅰ期；尘肺Ⅰ期伴肺功能中度损伤或中度低氧血症；尘肺Ⅰ期伴活动性肺结核
五级	器官大部分缺损或明显畸形，有较重功能障碍或并发症，存在一般医疗依赖，生活能自理者 ◆ 肺功能中度损伤；中度低氧血症 ◆ 中毒性血液病，血小板减少（$\leqslant 4 \times 10^{10}$/L），并有出血倾向 ◆ 中毒性血液病，白细胞含量持续 $< 3 \times 10^9$/L（<300/mm³）或粒细胞含量 $< 1.5 \times 10^9$/L（$< 1\ 500$/mm³） ◆ 慢性中度中毒性肝病；双耳听力损失 $\geqslant 81$ dB；肾功能不全失代偿期，内生肌酐清除率持续 <50 mL/min 或血浆肌酐水平持续 $>177\ \mu$mol/L（>2 mg/dL） ◆ 放射性损伤致睾丸萎缩；慢性重度磷中毒；重度手臂振动病
六级	器官大部分缺损或明显畸形，有中等功能障碍或并发症，存在一般医疗依赖，生活能自理者 ◆ 双耳听力损失 $\geqslant 71$ dB ◆ 尘肺Ⅰ期伴肺功能轻度损伤或轻度低氧血症 ◆ 放射性肺炎后肺纤维化（$<$两叶），伴肺功能轻度损伤或轻度低氧血症 ◆ 其他职业性肺部疾患伴肺功能轻度损伤；白血病完全缓解 ◆ 中毒性肾病，持续性低分子蛋白尿伴白蛋白尿；中毒性肾病，肾小管浓缩功能减退 ◆ 肾上腺皮质功能轻度减退；放射性损伤致甲状腺功能低下

等级	评定标准
七级	器官大部分缺损或畸形，有轻度功能障碍或并发症，存在一般医疗依赖，生活能自理者 ◆双耳听力损失≥56 dB ◆尘肺Ⅰ期，肺功能正常；放射性肺炎后肺纤维化（＜两叶），肺功能正常；轻度低氧血症 ◆心功能不全1级；再生障碍性贫血完全缓解 ◆白细胞减少症，含量持续＜4×10⁹/L（4 000/mm³） ◆中性粒细胞减少症，含量持续＜2×10⁹/L（2 000/mm³） ◆慢性轻度中毒性肝病；肾功能不全代偿期，内生肌酐清除率＜70 mL/min；三度牙酸蚀病
八级	器官部分缺损，形态异常，轻度功能障碍，有医疗依赖，生活能自理者 ◆双耳听力损失≥41 dB或一耳≥91 dB ◆其他职业性肺疾患，肺功能正常；中毒性肾病，持续低分子蛋白尿；慢性中度磷中毒 ◆工业性氟病Ⅱ期；减压性骨坏死Ⅱ期；轻度手臂振动病；二度牙酸蚀病
九级	◆器官部分缺损，形态异常，轻度功能障碍，无医疗依赖，生活能自理者 ◆中毒性周围神经病轻度感觉障碍 ◆双耳听力损失≥31 dB或一耳损失≥71 dB ◆铬鼻病有医疗依赖
十级	器官部分缺损，形态异常，无功能障碍，无医疗依赖，生活能自理者 ◆职业性及外伤性白内障术后人工晶状体眼，矫正视力正常者 ◆职业性及外伤性白内障，矫正视力正常者 ◆双耳听力损失≥26 dB或一耳≥56 dB ◆铬鼻病（无症状者）；鼻中隔穿孔；慢性轻度磷中毒；工业性氟病Ⅰ期 ◆煤矿井下工人滑囊炎；减压性骨坏死Ⅰ期；一度牙酸蚀病；职业性皮肤病久治不愈

第6章

优秀班组的应急救护小组

6.1 成立应急救护小组

6.1.1 漫画解说成立应急救护小组

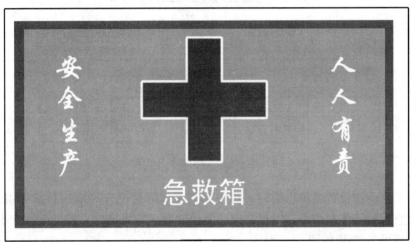

6.1.2　应急救护小组机构图

应急救护是指在生产活动中，当有意外事故或急病发生时，为了保证伤病者的生命安全，施救者依照医学护理知识和企业相关规定，合理利用现场相关物资，及时、适当地处理伤病者并迅速将其送至医院进行救治的活动。

企业在组织生产过程中，除了应加强生产事故的防治，还应建立合理的应急救护机制，有效减少相关的损失。企业在建立应急救护机制时，应根据企业发展规划和当前实际情况，组建成立应急救护小组（以下简称"救护小组"）。一般情况下，中小型企业可按照如图 6—1 所示的组织结构方式，构建自己固定的救护小组。

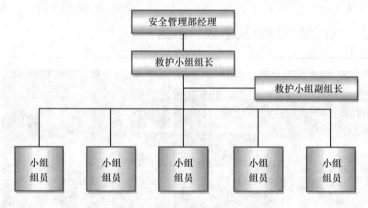

图 6—1　中小型企业的救护小组机构图

大型企业在设置救护小组时，可根据自身实际情况合理增加救护小组人数，细分应急救护工作和职责，以提高应急救护的效率和质量。大型企业救护小组的组织设置可参考图 6—2 所示形式。

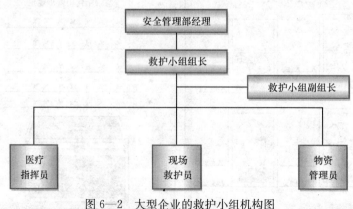

图 6—2　大型企业的救护小组机构图

6.1.3　应急救护工作程序图

在生产过程中突发生产事故时，应急救护小组在收到通知后应立即赶到事故现场，根据相关医学护理知识和企业相关规定，及时进行应急救护工作，具体应急救护工作程序如图6—3所示。

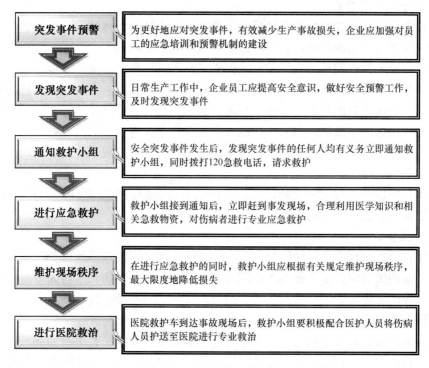

突发事件预警	为更好地应对突发事件，有效减少生产事故损失，企业应加强对员工的应急培训和预警机制的建设
发现突发事件	日常生产工作中，企业员工应提高安全意识，做好安全预警工作，及时发现突发事件
通知救护小组	安全突发事件发生后，发现突发事件的任何人均有义务立即通知救护小组，同时拨打120急救电话，请求救护
进行应急救护	救护小组接到通知后，立即赶到事发现场，合理利用医学知识和相关急救物资，对伤病者进行专业应急救护
维护现场秩序	在进行应急救护的同时，救护小组应根据有关规定维护现场秩序，最大限度地降低损失
进行医院救治	医院救护车到达事故现场后，救护小组要积极配合医护人员将伤病人员护送至医院进行专业救治

图6—3　应急救护工作程序图

6.1.4　应急救护的工作内容

应急救护是企业积极应对突发事故极为重要的措施。救护小组在进行应急救护时，应以救治生命、保存生理功能为原则，有效维持伤病人员的生命健康，等待医院救护人员的到来。同时，救护小组还应维持现场秩序，防止突发事故的扩大，最大限度地减少生产事故损失。一般情况下，应急救护的工作内容主要包括以下五点。

1. 上报突发生产事故

当发生突发生产事故时，事故现场人员应立即通知企业救护小组，要求进行伤病人员救护，同时还应立刻拨打120急救电话，请求医院救治。在通知救护小组和拨打120电话时，拨打人员应稳定紧张的情绪，简要、明确、快速地说明突发事故的地点、事故原因、伤病人员的基本情况等信息。

2. 迅速赶到事故现场

救护小组应向企业全体员工公布应急救护电话，并保持 24 小时畅通。当接到突发生产事故通知时，救护小组应立即准备必要的救护物品，迅速赶到事故现场。

3. 进行应急救护

救护小组到达突发事故现场后，应根据伤病人员的具体情况，快速进行应急救护。在进行应急救护时，救护小组至少应做到以下四点。

（1）首先检查并排除现场的危险因素，确保救护现场人员的安全。

（2）认真检查伤病人员的生命体征，确认其伤病程度。一般而言，检查内容主要包括伤病人员的意识、呼吸、心跳、脉搏、瞳孔、休克等情况。

（3）根据医学救护知识以及伤病人员情况，采取有效的恢复脉搏呼吸、止血包扎、保护固定等安全救护措施，以维持伤病人员生命、减轻痛苦，同时防止并发症的发生。

（4）根据有关规定和实际情况，将伤病人员合理、正确地转移到妥善位置，耐心等待医院救护人员的到来。

4. 维护现场秩序

在有效救护伤病人员的同时，救护小组还应注意现场秩序的维护。通过严格执行企业相关规定、禁止无关人员随意进入或离开事故现场、进行人员疏导等措施，有效防止突发生产事故的扩大，最大限度地减少突发事故损失。

5. 进行医院救治

当医院救护人员赶到后，救护小组应积极配合医院救护人员将伤病人员妥善转移到救护车上。同时，根据有关规定，相关管理人员应陪同伤病人员到医院救治。

6.1.5 应急救护信息传递流程

为了保证应急救护能够顺利、有序地完成，企业应根据自身情况，对突发事故应急救护的信息传递进行合理、科学的规范。一般情况下，应急救护信息的传递应由突发事故现场人员上报 120 急救中心、救护小组和有关部门领导，救护小组和部门领导再将突发事故应对情况上报给相关部门和企业领导，最后企业通知人事行政部和财务部进行善后事务处理。应急救护信息的具体传递流程如图 6—4 所示。

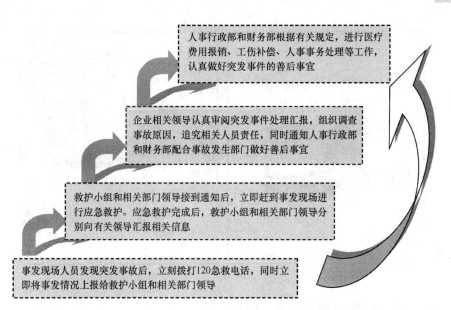

人事行政部和财务部根据有关规定，进行医疗费用报销、工伤补偿、人事事务处理等工作，认真做好突发事件的善后事宜

企业相关领导认真审阅突发事件处理汇报，组织调查事故原因，追究相关人员责任，同时通知人事行政部和财务部配合事故发生部门做好善后事宜

救护小组和相关部门领导接到通知后，立即赶到事发现场进行应急救护。应急救护完成后，救护小组和相关部门领导分别向有关领导汇报相关信息

事发现场人员发现突发事故后，立刻拨打120急救电话，同时立即将事发情况上报给救护小组和相关部门领导

图6—4　应急救护信息的具体传递流程图

6.2　健全应急救护体系

6.2.1　漫画解说健全应急救护体系

第一时间拨打120急救电话

有人触电，快断电！

6.2.2　应急救护工作管理制度

应急救护工作管理制度是健全应急救护的重要环节，也是规范应急救护工作、提高应急救护效率和质量的前提和重要保障。企业在进行应急救护管理时，一定要建立科学、合理、规范的应急救护工作制度。一般情况下，该工作制度中至少应包含以下三项内容。

1. 应急救护的组织机构

一般情况下，为了更好地救护伤病人员，防止突发事故的发生和扩大，企业应组织成立救护小组，专门负责生产作业过程中突发事故的防治和处理。

2. 应急救护的实施工作

为了有效防止突发事故的发生和扩大，救护小组等相关人员应做好以下工作。

（1）进行突发事故预警。救护小组和安全管理部相关人员应根据企业发展情况，建立合理的生产事故预警机制，通过划分和发布预警级别、识别和预防危险源、加强安全巡检等措施，有效防止突发生产事故的发生。

（2）进行应急救护。发生安全突发事故后，救护小组、事发部门经理等相关人员应立即赶到事故现场，对伤病人员进行紧急救治，最大可能地维持其生命健康，同时采取有效措施维持现场秩序，防止突发事故的扩大。

（3）进行事故善后处理。突发事故应急处理结束后，救护小组和相关人员应至少做好以下善后工作。

1）如实填写有关报表，并及时向相关领导汇报。

2）根据有关规定，及时办理医疗费用、工伤补助等相关支出的报销。

3）事发部门及时做好疫病防治、现场清理等工作。

（4）调查和评估。突发事故处理完成后，企业相关领导应组织相关部门和人员评估突发事故的危害程度和经济损失，查明人员伤亡情况，认真总结突发事故应急救护的经验和教训。同时，还应组织调查突发事故的原因和性质，追究相关人员的安全责任。

（5）进行事故恢复建设。应急救护结束后，事发部门管理人员应及时组织相关人员做好事故现场清理、稳定员工情绪等工作。同时，应制订恢复生产作业的计划，经上级领导审批通过后，立即组织实施。

（6）发布事故处理信息。突发事故处理结束后，企业应及时、全面、客观、准确地发布突发事故处理信息，并向政府有关部门汇报。

3. 应急救护的保障工作

为了保障应急救护工作的顺利进行，有效减少人员伤亡，防止突发事故扩大，企业相关部门应积极配合救护小组，认真做好以下应急救护的保障工作。

（1）人力资源保障。企业一方面应挑选应急救护的专业人员和骨干力量组建救护小组，加强对救护小组人员的技能培训；另一方面应做好应急救护知识的宣传工作，提高全体员工应急救护的意识和技能。

（2）财力保障。企业应注意配备充足的应急救护资金，保证应急救护工作的顺利进行。同时，企业还应根据有关规定对受突发事故影响较大的部门和个人进行合理的补偿和救助。

（3）物资保障。企业应建立适合企业发展情况的应急物资监控机制，加强应急物资的保存和管理工作，及时补充与更新缺少的应急物资（尤其是救护小组的物资），确保应急救护的顺利实施。

（4）医疗保障。企业应与急救医院建立良好的合作关系，积极配合急救医院进行现场救援，并及时将伤病人员送至医院进行救治。

6.2.3 应急救护的责任追究制度

为了明确相关人员在应急救护中的职责，提高其应急救护的责任感，推动应急救护工作的顺利进行，企业应根据自身情况制定合理的应急救护责任追究制度，严重处罚阻碍应急救护工作的相关人员。

1. 责任追究制度编制原则

企业相关人员在编制应急救护责任追究制度时，应遵循表6—1所示的原则。

表 6—1   应急救护责任追究制度编制原则

原则	具体内容
合法合规原则	◆ 编制责任追究制度时，编制人员应认真参考国家相关法律法规，确保制度内容符合相关法律法规规定
立足现状原则	◆ 相关人员在编制责任追究制度时，务必以企业当前发展情况为基础，切不可脱离现实，使责任追究制度难以执行
客观公正原则	◆ 编制责任追究制度时，编制人员应本着客观公正的态度，合理、明确地划分应急救护责任，务必做到不偏不倚
力度适合原则	◆ 编制责任追究制度时，编制人员应根据有关规定，以加强安全应急教育、提高安全应急责任感为目的，合理确定相关责任人处罚力度，使应急救护责任追究达到预计目的

2. 责任追究制度主要内容

应急救护责任追究制度的内容主要包括以下三方面。

(1) 应急救护责任追究的目的。企业制定应急救护责任追究制度主要是为了增强员工的应急救护意识和责任感，有效防止突发事故的发生和扩大，促进应急救护的顺利进行。

(2) 应急救护责任追究的流程。在应急救护责任追究制度中，企业应明确规定责任追究的流程和程序。一般情况下，企业可按照图 6—5 所示的流程进行应急救护责任追究。

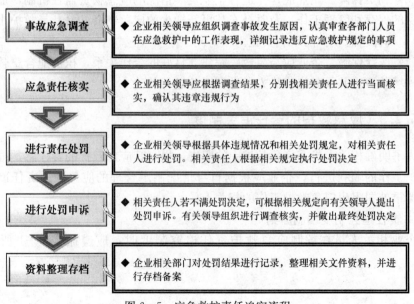

图 6—5 应急救护责任追究流程

（3）应急救护责任追究的处罚措施。在应急救护责任追究制度中，责任追究制度编制人员应根据企业相关规定，明确写明应急救护责任追究的处罚措施，以规范责任追究处罚的实施。

3. 责任追究制度制定程序

为了保证应急救护责任追究制度的规范性，企业应按照一定的程序进行编制、审核、审批、颁布、执行。

（1）企业领导根据有关规定组织成立编制小组，或安排相关人员负责应急救护责任追究制度的编制。

（2）编制人员根据企业发展情况和相关制度规定，收集、整理应急救护的相关资料，认真进行应急救护责任追究制度的编写。编写完成后，编制人员应及时上报有关领导。

（3）企业领导对应急救护责任追究制度草案进行认真审核、审批，对涉及多个部门的内容应组织进行讨论和会签，最后由总经理签字确认。

（4）应急救护责任追究制度审批通过后，安全管理部应按照有关规定颁布和执行。

（5）安全管理部相关人员应根据企业的发展变化和执行过程中出现的问题，定期对应急救护责任追究制度进行修改和完善，使之不断适合企业的实际工作需要。

6.2.4　应急救护的教育培训制度

应急救护教育培训是救护小组在有关领导的组织下，针对生产经营中常见的突发事故对全体员工开展的教育培训和宣传工作。

1. 应急救护教育培训的目的

企业组织开展应急救护教育培训，主要是为了达到以下目的。

（1）提高企业全体员工的应急救护意识，强化员工的应急救护责任感。

（2）促进企业全员生产事故防范机制的建立，有效减少突发生产事故的发生。

（3）增强企业员工应急救护的相关知识和技能，有效配合应急救护工作的实施。

（4）提高企业员工对突发事故的处置应对能力，最大限度地减少生产事故损失。

2. 应急救护教育培训的原则

救护小组在进行应急救护教育培训时，应遵循以下五项原则。

（1）立足企业现状，注重实际应用原则。

（2）理论联系实际，注重学以致用原则。

（3）体现以人为本，注重按需施教原则。

（4）丰富培训方式，注重培训质量原则。

（5）坚持与时俱进，注重改革创新原则。

3. 应急救护教育培训的形式

企业在进行应急救护教育培训时，应适当改变传统单一的讲授形式，而应根据实际工作情况，合理利用企业资源，灵活采取多种形式进行应急救护教育培训。一般情况下，企业进行应急救护教育培训的形式主要有以下四种，如图6—6所示。

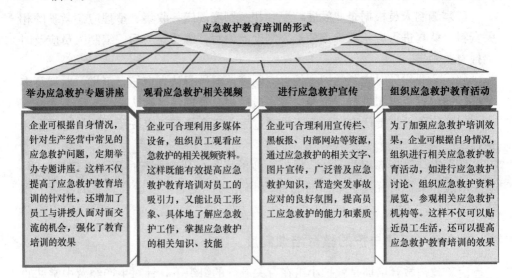

图6—6 应急救护教育培训的形式

4. 应急救护教育培训的注意事项

企业在组织进行应急救护教育培训时，应注意以下事项。

（1）为了强化应急救护教育培训的效果，企业应采取定期教育培训与经常性教育培训相结合的培训方式，且每年定期开展应急救护教育培训的时间原则上不得少于10天。

（2）企业定期培训时，应采取脱产培训的形式，生产管理人员应做好生产计划的安排。

（3）企业应要求相关部门领导重视应急救护教育培训，督促全体员工积极参与。

（4）企业相关部门必须在预算中列支应急救护教育培训的相关经费，保证应急救护教育培训的正常进行。

（5）应急救护教育培训结束后，企业应组织进行培训结果考核，并将考核结果作为员工绩效评估的一项重要指标，参与员工绩效考核。

6.2.5 应急救护人员的考核办法

为了提高应急救护质量，不断总结经验教训，提高救护小组的应急救护水平，企业应加强对应急救护工作的考核。

1. 考核对象

应急救护结束后，企业领导应组织相关人员成立应急救护工作考核小组（以下简称"考核小组"），对救护小组的工作质量进行考核。

2. 考核标准

在进行评估考核前，考核小组应根据实际情况，参考以往的考核办法，编制此次应急救护的考核标准，具体见表6—2。

表6—2　　　　　　　　　　　应急救护工作考核标准

考核项目	分值	标准要求及评分办法	得分
应急救护准备	15分	1. 救护小组组织健全，且人员配置合理，本项得满分 2. 救护小组组织不健全或人员配置不合理，本项得____分 3. 未建立救护小组，本项不得分	
	10分	1. 应急救护电话畅通并及时接听，本项得满分 2. 应急救护电话不够畅通，拨打3次及以上才能接通的，本项得____分 3. 应急救护电话始终未接通或电话关机的，本项不得分	
	10分	1. 在规定时间内赶到事发现场，本项得满分 2. 比规定时间每迟到5分钟扣____分 3. 迟到时间超过____分钟，本项不得分	
	10分	1. 应急救护物资准备齐全，本项得满分 2. 应急救护物资每缺少一件，本项扣____分；缺少____件，本项不得分	
应急救护实施	10分	1. 应急预案科学、合理、有效，本项得满分 2. 应急预案缺乏科学性、可行性，本项得____分 3. 缺乏相应的应急预案，本项不得分	
	20分	1. 伤病人员得到有效紧急救治、脱离生命危险，本项得满分 2. 伤病人员得到紧急救治，但未脱离生命危险，本项得____分 3. 伤病人员紧急救治方法错误，本项不得分	
	15分	1. 事故现场秩序良好，突发事故未扩大，本项得满分 2. 事故现场秩序杂乱，但未出现事故扩大现象，本项得____分 3. 由于救护小组现场管理失误，造成突发事故扩大，本项不得分	

续表

考核项目	分值	标准要求及评分办法	得分
应急救护恢复	10分	1. 在规定时间内，消除安全隐患，解除警戒，本项得满分 2. 应急救护恢复工作较规定时间每延长____小时，本项扣____分；延长时间超过____小时，本项不得分	

3. 考核流程

在进行应急救护评估考核时，考核小组可参考以下流程。

（1）根据实际工作情况编制评估考核标准。标准通过审批后，应严格按此标准进行评估。

（2）进行应急救护过程调查，多方面收集评估资料。

（3）根据评估标准和相关资料进行评估考核工作。评估结束后，编制评估报告，及时上报相关领导。

（4）相关领导根据评估考核报告对救护小组进行评估面谈，指出应急救护中存在的不足，提出相关改进措施。

（5）救护小组认真反思评估结果，总结工作经验，吸取工作教训，不断提高自身应急救护水平，为下次应急救护工作做好准备。

6.3 挑选应急救护人员

6.3.1 漫画解说挑选应急救护人员

事故应急救护常识培训

6.3.2　制订应急救护的人员计划

优秀的应急救护人员是进行有效应急救护的前提和重要保障。为了挑选优秀的应急救护人员，企业必先制订合理、科学的人员计划。一套详细的应急救护人员计划主要包括应急救护人员需求计划、应急救护人员招聘计划、应急救护人员培训计划、应急救护人员职业发展计划。

1. 应急救护人员需求计划

制订应急救护人员需求计划，应根据企业实际情况对应急救护人员的需求状况进行预测和分析，主要包括当前应急救护人员需求预测、未来应急救护人员需求预测和未来应急救护人员流失预测三部分。

（1）当前应急救护人员需求预测，是根据应急救护工作需求和当前应急救护人员的数量和质量，合理分析预测当前应急救护人员的需求状况。

（2）未来应急救护人员需求预测，是根据企业的发展规划和外部环境，综合多方面因素，运用合理的分析方法，对未来应急救护人员的需求进行预测的活动。

（3）未来应急救护人员流失预测，是根据现有人员的工作情况，结合历史流失数据，通过科学的分析方法，综合分析预测未来一段时间内的人员流失情况。

企业应综合以上三种预测，根据有关规定，合理编制应急救护人员需求计划，为救护小组的建设提供重要的依据。

2. 应急救护人员招聘计划

应急救护人员需求计划确定后，企业应根据相关规定编制应急救护人员招聘计划，为进行人员招聘做好准备。一般来说，应急救护人员招聘包括内部竞聘和外部招聘两部分。

（1）应急救护人员内部竞聘是指企业从内部人员中选择合适的人员来担任应急救护工作。一般情况下，应急救护人员内部竞聘的方法主要有推荐法、布告法和档案法，具体见表6—3。

表6—3 应急救护人员内部招聘方法说明表

招聘方法	方法说明	方法特点
推荐法	◆推荐法是指企业员工根据相关规定推荐熟悉的人员，供企业进行评估选择的招聘方法	1. 优点：被推荐人与企业相互了解，适应性较强，招聘成功率较大 2. 缺点：主观性强，容易受个人因素影响
布告法	◆布告法是指通过发布企业内部竞聘启事，让员工根据自身情况进行自我推荐的招聘方法	1. 优点：体现了招聘的公平性和透明性，增加了对员工的激励作用 2. 缺点：花费时间较长，影响正常生产工作
档案法	◆档案法是指企业相关人员根据员工档案信息来选择合适的员工参加评估选择的招聘方法	1. 优点：增加对员工的了解，有利于发掘应急救护人才 2. 缺点：透明性较差，未考虑员工意愿

（2）应急救护人员外部招聘是指通过一定的招聘渠道和方法，从企业外部选择合适的人员担任应急救护工作。一般情况下，应急救护人员外部招聘的主要渠道和方法有传统媒体招聘、招聘会招聘、网络招聘、校园招聘、推荐招聘、中介机构招聘等。

应急救护人员外部招聘能为企业招聘优秀的专业人员，为企业注入新鲜的血液，促进企业的更新和发展，但同时也有招聘成本较高、工作适应时间较长等缺点。

3. 应急救护人员培训计划

企业应根据自身的发展情况和实际工作需要，为应急救护人员制订科学合理的培训计划，以提高应急救护人员的工作技能，帮助他们更好地完成应急救护任务。企业在制订应急救护人员培训计划时，应注意培训需求调查、短期培训和长期培训相结合、培训效果考核等问题。

4. 应急救护人员职业发展计划

为了保证企业应急救护工作的持续进行，企业应为应急救护人员制订合理的职业发展计划。在制订职业发展计划时，企业应尊重应急救护人员的工作意愿和职业倾向，对其兴趣、爱好、性格、特长、能力、经历等因素进行综合考虑和权衡，从而确定适合实际情况的发展计划。

6.3.3 编制应急救护人员的选用标准

选用标准是企业招聘、评选应急救护人员的基本要求和准则。企业在进行应急救护人员招聘前，应制定符合实际的招聘选用标准。一般情况下，企业可按照图6—7所示流程制定科学合理的应急救护人员选用标准。

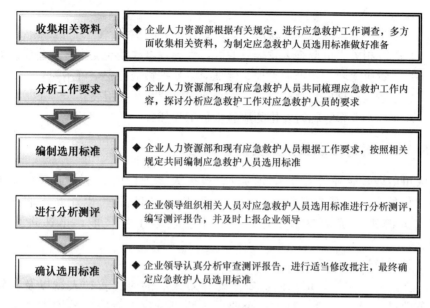

图6—7　应急救护人员选用标准制定流程图

6.3.4　明确应急救护人员的职责职能

为了规范应急救护人员的工作，合理划分职责范围，企业应对应急救护人员的职责职能进行合理、明确的划分。

1. 应急救护人员的主要职能

应急救护人员的主要职能至少应包含以下三点。

（1）应急救护体系的建设和完善。应急救护人员应在有关领导的指挥下，编制应急救护相关制度规定，不断完善应急救护管理体系。

（2）应急救护教育培训的实施。应急救护人员应根据企业相关规定，组织进行应急救护教育培训活动，普及应急救护知识，提高全体员工的应急救护素质。

（3）突发事故的应对。应急救护人员应加强突发事故巡检，科学、有效地防范突发事故的发生和扩大，减少企业的损失。

2. 应急救护人员的主要职责

应急救护人员的主要职责至少包含以下八点。

（1）负责企业日常安全巡检工作，及时发现并消除危险因素，防止生产事故的发生。

（2）负责应急救护知识的教育培训和宣传工作。

（3）负责企业突发生产事故的应急救护工作，及时、有效地救护伤病人员。

（4）维护突发事故现场的秩序，防范突发事故的扩大。

（5）配合相关人员调查突发事故原因，为突发事故处罚提出合理建议。

（6）负责应急救护物资的管理，保证应急救护物资的安全可用。

（7）记录、整理应急救护过程，按企业规定填写相关报表。

（8）完成企业领导临时安排的应急救护工作任务。

6.3.5　进行应急救护人员的认知培训

认知培训是企业针对新入职的应急救护人员进行的关于企业现状、工作说明、角色定位、基本应急救护知识的培训。认知培训可以让新入职的应急救护人员快速了解企业和工作情况，掌握基本工作技能，迅速进入工作状态。

1. 认知培训的流程

应急救护工作认知培训的对象主要为新入职的应急救护人员以及新转职的应急救护人员。一般情况下，企业可按照以下流程对应急救护人员进行认知培训。

（1）企业人力资源部应先调查了解新入职应急救护人员的基本情况，认真收集相关信息，为进行认知培训做好准备。

（2）企业人力资源部根据调查收集的资料，结合以往的培训过程，制订合理的认知培训计划，并上报有关领导审批。

（3）认知培训计划审批通过后，人力资源部应及时组织新入职的应急救护人员参加认知培训，认真讲解企业发展情况、工作说明等内容。

（4）认知培训结束后，企业人力资源部应对培训效果进行测评分析，认真总结认知培训的经验教训，为下次认知培训工作做好准备。

2. 认知培训的主要内容

一般情况下，应急救护人员认知培训的主要内容包括以下五个方面。

（1）企业的现状和发展规划

（2）企业文化

（3）应急救护工作的介绍和说明

（4）应急救护人员角色认知内容

（5）应急救护基本知识

6.4　配备应急救护装备

6.4.1　漫画解说配备应急救护装备

6.4.2　制定应急救护的装备明细

为了保障应急救护工作的顺利进行，有效救治伤病人员的生命健康，防止突发事故的扩大，企业应根据实际情况为救护小组配备必要的应急救护装备。

1. 应急救护装备明细的制定流程

为了确保应急救护装备的齐全，同时合理减少不必要的费用支出，企业应认真制定应急救护装备明细，具体制定流程如图 6—8 所示。

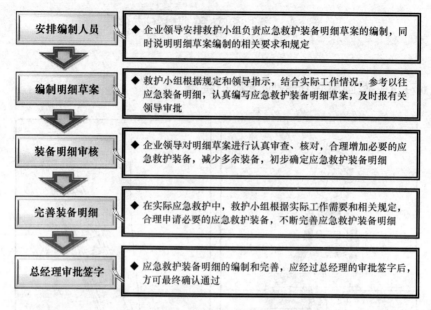

图 6—8 应急救护装备明细制定流程图

2. 应急救护装备明细的主要内容

一般情况下，企业应急救护装备明细的主要内容如图 6—9 所示。

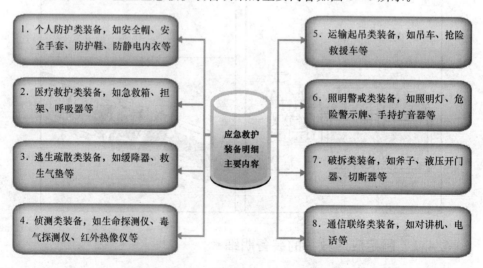

图 6—9 应急救护装备明细主要内容

3. 制定应急救护装备明细的注意事项

救护小组在制定应急救护装备明细时，应注意以下事项。

（1）根据实际工作需要，编制应急救护装备明细，尽量减少不必要的装备。

（2）参考相关预算，原则上应急救护装备明细的价值不得超过规定预算。

（3）针对同样功能的不同装备，根据实际工作需要，尽量选择性价比较高的装备。

（4）注意应急救护装备的可行性和可操作性，尽量避免操作难度过大的装备。

（5）应急救护装备明细应经过总经理签字确认，方可最终实施。

6.4.3　编制应急救护的费用清单

应急救护装备明细制定完成后，企业应根据装备明细和市场价格，合理编制应急救护装备费用预算，并列出相关清单。

1. 编制程序

应急救护装备费用清单的编制工作由企业财务部相关人员负责，主要有以下五个步骤。

（1）收集相关资料。财务部根据实际情况，认真收集相关资料，如应急救护装备明细、现有应急救护装备、费用清单编制要求等，为费用清单的编制做好准备。

（2）进行市场调研。财务部针对应急救护装备明细内容进行市场价格调查，优先选择价格较低的装备。

（3）编制费用清单。财务部根据收集的资料信息和相关编制要求编制费用清单，编制完成后及时上报有关领导。

（4）费用清单核对。企业领导对应急救护装备费用清单进行认真审查、核对，对费用清单中不合理的地方进行适当修改，并及时上报总经理审批。

（5）审批费用清单。总经理收到费用清单，经仔细审核后，进行审批签字。

2. 费用清单实例

某企业的应急救护装备费用清单见表6—4。

表6—4　　　　　　　　　　应急救护装备费用清单

序号	装备名称	型号规格	计量单位	数量	单价	总价值	生产厂商	备注
1								
2								
3								

6.4.4　编制应急救护的装备方案

应急救护装备方案是企业通过对应急救护装备进行合理分配、利用和保管，使其能更好地发挥应急救护作用,有效防范突发事故发生和扩大的工作安排。

1. 方案编制流程

一般情况下,救护小组负责应急救护装备方案的编制。应急救护装备方案的编制流程如图6—10所示。

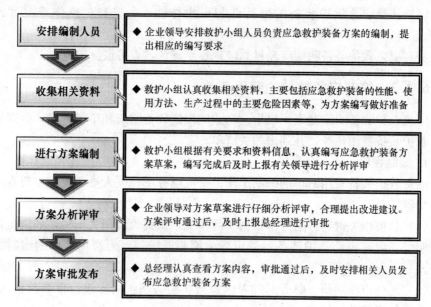

安排编制人员	◆ 企业领导安排救护小组人员负责应急救护装备方案的编制,提出相应的编写要求
收集相关资料	◆ 救护小组认真收集相关资料,主要包括应急救护装备的性能、使用方法、生产过程中的主要危险因素等,为方案编写做好准备
进行方案编制	◆ 救护小组根据有关要求和资料信息,认真编写应急救护装备方案草案,编写完成后及时上报有关领导进行分析评审
方案分析评审	◆ 企业领导对方案草案进行仔细分析评审,合理提出改进建议。方案评审通过后,及时上报总经理进行审批
方案审批发布	◆ 总经理认真查看方案内容,审批通过后,及时安排相关人员发布应急救护装备方案

图6—10 应急救护装备方案编制流程图

2. 方案主要内容

应急救护装备方案主要包括以下内容。

(1)装备的明细。应急救护装备方案中应明确写明现有应急救护装备的明细,详细说明各种装备的数量、价值、使用状况、负责人等信息。

(2)装备的配备。装备方案中,救护小组应根据实际工作需要和应急救护装备的功能,对应急救护装备进行合理配备,确保装备得以充分发挥作用。

(3)装备的使用说明。救护小组应在应急救护装备方案中详细介绍各种装备的使用方法,以方便应急救护人员的规范使用。

(4)装备的保存保管。为了更好地保持装备价值,延长装备使用寿命,应急救护装备方案中还应写明所有设备的保存、保管规定,明确装备负责人的职责,对因个人原因造成应急救护装备损坏的人员进行合理处罚。

6.4.5 规范应急救护装备的申领

为了确保应急救护装备的合理、充分利用,减少应急救护装备的浪费、破坏、遗失等现象,企业应制定应急救护装备申领规定,严格规范设备的申领程序。一般情况下，应急救护装备的申领主要包括以下六个步骤。

（1）应急救护人员根据工作需要，向救护小组组长提出应急救护装备领用申请。

（2）救护小组组长根据具体情况对装备领用申请进行审核，若同意领用，则按有关规定填写"应急救护装备申领单"，如表6—5所示，并签字确认。

表6—5 应急救护装备申领单

申请人员		所在部门	
申领装备名称		规格型号	
数量		申领装备价值	
装备申领原因			
救护小组组长意见		签字： 日期：　年　月　日	
财务部门意见		签字： 日期：　年　月　日	
装备保管人意见		签字： 日期：　年　月　日	
备注			

（3）应急救护人员持"应急救护装备申领单"到财务部进行申请审核。财务部签字通过后，应急救护人员持"应急救护装备申领单"到装备保管处进行申领。

（4）应急救护装备保管人员对"应急救护装备申领单"进行严格审核，查看填写是否完整，是否有救护小组组长和财务部的签字，对不符合填写要求的领用申请拒绝受理。

（5）对于领用规定的装备领用申请，应急救护装备保管人员应根据有关规定发放应急救护装备。

（6）应急救护装备保管人员应及时填写装备发放台账，申领人在发放台账的"领取人签字"处签字确认。

第 7 章

优秀班组的应急预案

7.1 成立应急预案的编制小组

7.1.1 漫画解说应急预案编制小组

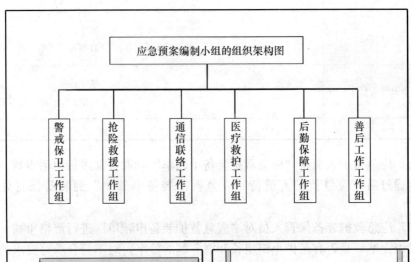

应急预案编制小组的组织架构图

警戒保卫工作组 ｜ 抢险救援工作组 ｜ 通信联络工作组 ｜ 医疗救护工作组 ｜ 后勤保障工作组 ｜ 善后工作工作组

宣传栏

事故应急管理原则——
呵护每一个生命
珍爱每一份财产

应急预案

7.1.2　应急预案编制小组职能

为了制定全面、科学、具体的应急预案，企业应组织成立专门的应急预案编制小组。一般情况下，由安全管理部经理担任编制小组组长，编制人员由救护小组组长、各部门负责人、企业应急救护顾问和预案执笔人组成，应急预案编制小组职能图如图 7—1 所示。

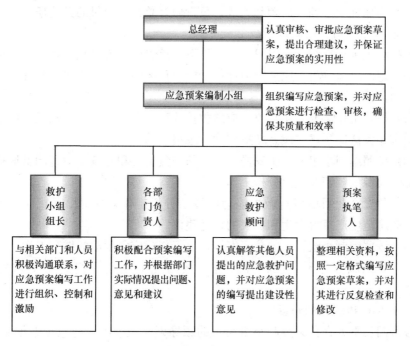

图 7—1　应急预案编制小组职能图

7.1.3　应急预案编制小组职责与分工

应急预案编制小组成立后，企业领导应合理划分小组成员的职责和分工，以明确各自工作责任，加强小组成员间的分工协作，提高应急预案编制的效率和质量。

1. 编制小组组长的职责

编制小组组长主要负责应急预案的总体规划、安排、把控和审核工作，具体工作职责如下。

（1）根据企业发展规划和国家相关法律要求，结合企业实际情况，合理制定应急预案编制的总体规划，经总经理审批通过后，严格组织执行。

（2）合理安排编制人员的工作分工，积极协调编制人员之间的关系，推动应急预案编制工作的顺利进行。

（3）组织制订合理的应急预案编制计划，根据实际工作情况合理安排编制进度，并按照编制计划对预案编制进度进行严格把控。

（4）参与应急预案的编制工作，并承担一定的应急预案编制任务。

（5）对应急预案初稿进行审核、批注，对预案中不合理的地方进行修改，保证应急预案的质量，同时将审核通过的应急预案草案及时上报总经理审批。

（6）为保证应急预案的顺利完成，负责做好总经理交付的其他任务。

2. 救护小组组长的职责

救护小组组长在编制小组组长的领导下，负责应急救护相关资料的收集、危险源的鉴定、风险分析、应急能力评估、应急预案的编写等工作，具体工作职责如下所示。

（1）根据工作需要，认真收集应急救护的相关资料，包括应急预案的编写要求、国家相关法律法规、应急救护相关记录报表等。

（2）按照编制小组的分工安排，与各部门负责人和应急救护顾问共同做好企业内部危险源的辨识和风险分析工作。

（3）负责企业目前应急救护能力的评估分析工作，并提出强化应急救护能力、有效防范生产事故发生和扩大的合理建议。

（4）按照编制小组组长的分工安排，负责部分应急预案的编写工作。

（5）为完成应急预案的编制工作，按时完成编制小组组长交付的其他任务。

3. 各部门负责人的职责

各部门负责人在预案编制小组组长的领导下，积极配合应急预案编制工作，协助救护小组组长和应急救护顾问做好危险源的辨识和风险分析，提出合理建议，并参与部分应急预案的编写。具体工作职责如下。

（1）负责做好各部门的思想动员工作，积极配合应急预案编写工作。

（2）与救护小组组长和应急救护顾问共同进行企业危险源的辨识和风险分析工作，查明生产经营过程中潜在的安全隐患。

（3）根据各部门的实际情况，对应急预案提出合理意见和建议。

（4）按照编制小组组长的分工安排，参与应急预算的编写工作。

（5）按时完成编制小组组长交付的其他任务。

4. 应急救护顾问的职责

应急救护顾问在编制小组组长的领导下，为应急预案的编制提出合理意见，协助编制小组组长进行应急预案的审核、改进和完善。其主要工作职责如下。

（1）为应急预案的编制提出合理意见和建议，促进预案编制工作的进行。

（2）配合其他编制人员进行危险源辨识和风险分析工作。

（3）按照编制小组组长的工作安排，参与应急预案的编制工作。

（4）协助编制小组组长做好应急预案的审核工作。

（5）按时完成编制小组组长交付的其他任务。

5. 预案执笔人的职责

预案执笔人主要是在编制小组组长的领导下，根据其他编制人员提供的数据信息，严格按照相关预案编写要求，负责预案的具体编写工作。

6. 预案编制小组的分工

为了促进应急预案编制工作的顺利进行，编制小组组长应根据工作要求和编写人员情况，合理进行预案编制工作的分工安排，具体见表 7—1。

表 7—1　　　　　　　　　　　　应急预案编制分工安排表

工作任务	执行人员	监督审查人员	备注
制订预案编制总体规划和进度计划安排	编制小组组长	总经理	
对预案编制工作进行合理分工安排	编制小组组长	总经理	
监控预案编制进度，保证编制的顺利进行	编制小组组长	总经理	
收集相关资料，做好预案编制准备	救护小组组长	编制小组组长	
进行危险源辨识和风险分析	救护小组组长和各部门负责人	编制小组组长	
评估应急救护救援能力	救护小组组长	编制小组组长	
编写应急救援预案	编制小组组长、救护小组组长、各部门负责人和应急救护顾问	编制小组组长	
进行应急预案草稿审核，保证预案质量	编制小组组长和应急救护顾问	总经理	
预案编写工作	预案执笔人	编制小组组长	

7.1.4 确定编制应急预案的方针与原则

编制应急预案的方针与原则是编制小组在编制应急预案过程中的工作指导和总体思路，是编制人员必须遵守的工作准则。一般情况下，编制小组在进行应急预案编制时，应严格遵循以下方针和原则，如图7—2所示。

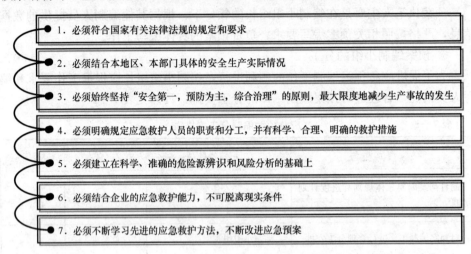

1. 必须符合国家有关法律法规的规定和要求

2. 必须结合本地区、本部门具体的安全生产实际情况

3. 必须始终坚持"安全第一，预防为主，综合治理"的原则，最大限度地减少生产事故的发生

4. 必须明确规定应急救护人员的职责和分工，并有科学、合理、明确的救护措施

5. 必须建立在科学、准确的危险源辨识和风险分析的基础上

6. 必须结合企业的应急救护能力，不可脱离现实条件

7. 必须不断学习先进的应急救护方法，不断改进应急预案

图7—2 编制应急预案的方针和原则

7.1.5 编制应急预案的信息沟通

为了规范应急预案编制，保证编制效率和质量，编制小组组长应根据有关规定，加强编制人员之间的信息沟通工作，尤其是预案执笔人与其他编写人员间的信息沟通工作。为此，编制小组组长应采取以下措施。

1. 建立科学、有效的信息沟通机制，协调各编制人员之间的关系，促进预案执笔人与其他编制人员之间的信息沟通。

2. 编制小组收集的各种资料信息均由预案执笔人负责保管。

3. 定期召开预案编制讨论会，加强问题的讨论和信息的沟通交流。

4. 编制小组组长应加强阶段性检查，督促编制人员之间的信息交流，保证应急预案的进度和质量。

5. 采取一定的激励措施，调动编制人员的工作积极性，促进编制人员之间的信息交流沟通。

7.2　进行应急预案的事项策划

7.2.1　漫画解说应急预案事项策划

7.2.2　应急预案的职责方案策划

应急预案编制小组在进行应急预案策划时，首先应制定应急救护职责方案，即根据企业目前情况合理划分应急救护工作的职责。

1. 职责方案策划的基本流程

应急预案编制小组在进行职责方案策划时，应遵循图 7—3 所示的流程。

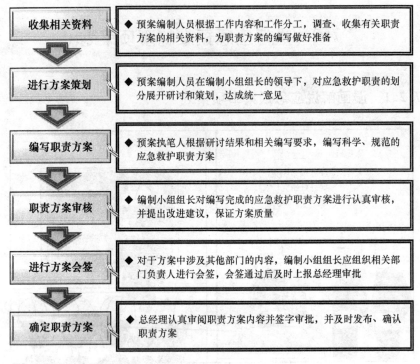

图 7—3 职责方案策划基本流程图

2. 职责方案的主要内容

应急救护职责方案是对生产经营活动中突发事件防范和应对人员职责分工的规定。一般情况下，应急预案的职责方案至少包括以下四方面内容。

（1）企业各级员工的安全责任制度。

（2）企业各级员工在应急救护工作中的具体职责和分工。

（3）企业各级员工应急救护的操作流程和规范。

（4）企业各级员工应急救护工作表现的奖罚规定。

3. 职责方案策划的注意事项

预案编制人员在进行应急预案的职责方案策划过程中，应注意以下事项。

（1）应急预案的职责方案必须符合国家的法律法规和企业有关规定。

（2）应根据企业的发展规划和当前实际情况进行策划，立足现实，着眼长远。

（3）务必保证职责方案的公平、公正、科学、客观，做到不偏不倚。

（4）职责方案必须以企业的当前应急救护能力为基础，不可脱离现实。

（5）对涉及其他部门的内容，要进行相关负责人会签。经各负责人会签、总经理签字确认后，方可通过。

7.2.3　应急预案的区域方案策划

为了使生产事故应急救护更加快速、有效，预案编制小组在应急预案职责方案通过完成后，还应编制应急预案的区域方案，以提高应急救护的效率和质量。

1. 区域方案策划的基本流程

应急预案编制小组在进行区域方案策划时，应遵循图7—4所示的流程。

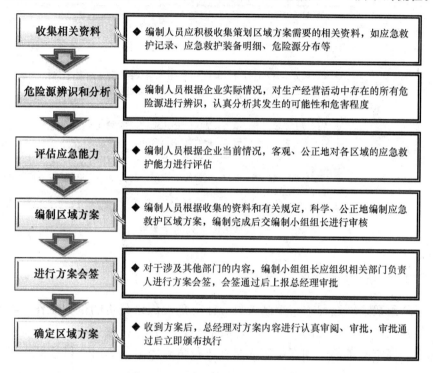

图7—4　职责方案策划基本流程图

2. 区域方案的主要内容

区域方案的主要内容如下。

（1）生产事故应急救护的区域划分。编制人员根据企业实际情况，将企业工作范围划分为若干个应急救护区域。

（2）应急救护区域的人员安排。编制人员应根据每个区域的特点，合理安排相应的应急救护人员。

（3）应急救护区域的装备配备。编制人员应根据应急救护区域的实际情况，合理配备适当的应急救护装备，以确保应急救护工作的顺利进行。

（4）各应急救护区域的指挥调度。编制人员应制定科学、合理的应急救护指挥调度流程，提高生产事故的应对效率。

3. 区域方案策划的注意事项

在编制应急预案的区域方案时，编制人员至少应注意以下五点，如图 7—5 所示。

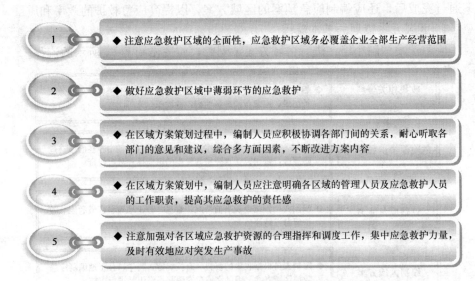

1 ◆ 注意应急救护区域的全面性，应急救护区域务必覆盖企业全部生产经营范围

2 ◆ 做好应急救护区域中薄弱环节的应急救护

3 ◆ 在区域方案策划过程中，编制人员应积极协调各部门间的关系，耐心听取各部门的意见和建议，综合多方面因素，不断改进方案内容

4 ◆ 在区域方案策划中，编制人员应注意明确各区域的管理人员及应急救护人员的工作职责，提高其应急救护的责任感

5 ◆ 注意加强对各区域应急救护资源的合理指挥和调度工作，集中应急救护力量，及时有效地应对突发生产事故

图 7—5　区域方案策划的注意事项

7.2.4　应急预案的危险因素策划

应急预案策划过程中，编制人员应注意危险因素分析的策划工作。在企业生产经营活动中，常见的危险因素主要有急性中毒、机械伤害、化学烧伤、触电伤害、高空坠落等。预案编制人员在进行危险因素策划时，可按照以下流程进行。

1. 收集相关资料

编制人员应多方面收集相关资料，为进行危险因素策划做好准备。

2. 危险因素辨识和分析

编制人员应认真做好现有危险因素的辨识和风险分析工作，编写危险因素分析报告，为危险因素策划提供重要依据。

3. 危险因素排查

编制人员应根据危险因素的特点，对发现的危险因素进行排查和治理，尽量消除生产经营活动中的安全隐患。

4. 危险因素策划

编制人员根据相关资料和企业有关规定，对生产经营活动中存在的危险因素进行策划，策划结果及时上报编制小组组长审核。

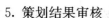

5. 策划结果审核

编制小组组长收到策划结果后，应进行认真审查分析，提出合理的改进建议，并将改进后的策划结果及时上报总经理审批。

6. 策划结果审批

总经理应仔细审阅策划结果，对策划结果进行审批，并将审批结果及时通知编制小组成员。

7.2.5　应急预案的装备方案策划

应急救护装备是应急救护人员进行应急救护工作的重要保障，是提高救护效率和救护质量，减少事故损失的前提。企业要想做好生产事故的应急救护工作，必须先策划出合理的应急救护装备方案，对应急救护装备进行充分规划和分配。

1. 应急救护装备方案的主要内容

应急救护装备方案主要包括应急救护装备的需求分析、采购、入库保管和使用报废等内容，具体如下所示。

（1）应急救护装备的需求分析

编制人员应根据企业生产经营中的危险因素辨识、风险分析结果、现有的应急救护装备情况，科学、合理地确定应急救护装备的需求量和安全储备量，并根据分析结果编写应急救护装备需求报告，上报有关领导。

（2）应急救护装备的采购

1）企业采购部根据装备需求报告，填写"应急救护装备请购单"，上报相关领导。

2）"应急救护装备请购单"审批通过后，采购部及时组织实施采购工作。

3）应急救护装备到货后，采购部应积极办理装备交接手续，通知并协助相关人员做好验收入库工作。

（3）应急救护装备的入库保管

1）企业仓储部应提前做好应急救护装备的储位规划，以便应急救护装备的存放。

2）应急救护装备到货后，企业仓储部应积极开展装备的验收入库工作，将装备准确放置在规定储位。

3）仓储部应做好应急救护装备的日常保养工作。

4）仓储部根据有关规定，严格进行应急救护装备的发放工作。

（4）应急救护装备的使用和报废

1）应急救护人员根据有关规定，申领应急救护装备，并对装备的安全负责。

2）应急救护人员根据有关规定，正确使用应急救护装备，有效进行应急救护救援工作。

3）应急救护装备损坏后，应急救护人员和财务部等相关人员根据企业有关规定做好装备的报废工作。

2. 应急救护装备方案的策划流程

预案编制人员在策划应急救护装备方案时，可按照以下流程进行，如图7—6所示。

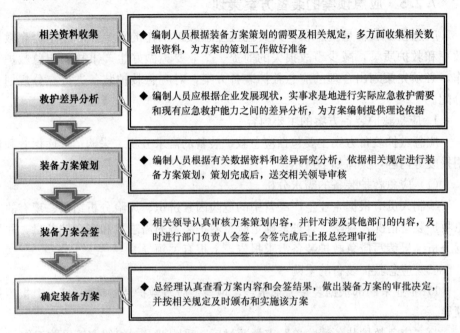

相关资料收集　◆ 编制人员根据装备方案策划的需要及相关规定，多方面收集相关数据资料，为方案的策划工作做好准备

救护差异分析　◆ 编制人员应根据企业发展现状，实事求是地进行实际应急救护需要和现有应急救护能力之间的差异分析，为方案编制提供理论依据

装备方案策划　◆ 编制人员根据有关数据资料和差异研究分析，依据相关规定进行装备方案策划，策划完成后，送交相关领导审核

装备方案会签　◆ 相关领导认真审核方案策划内容，并针对涉及其他部门的内容，及时进行部门负责人会签，会签完成后上报总经理审批

确定装备方案　◆ 总经理认真查看方案内容和会签结果，做出装备方案的审批决定，并按相关规定及时颁布和实施该方案

图7—6　应急救护装备方案策划流程图

3. 应急救护装备方案策划的主要事项

预案编制人员在进行应急救护装备策划时，至少应注意以下事项。

（1）装备方案内容与实际应急救护需要的一致性。

（2）装备方案内容与应急救护技术的匹配性。

（3）在保证应急救护效率和质量的同时，最大限度地降低装备成本。

（4）考虑应急装备的维护保养问题，杜绝应急装备的浪费、损坏和遗失现象。

（5）根据实际工作的需要，不断完善应急装备方案的内容，使之更加快速、有效、低成本地指导应急救护工作，防范生产事故的发生和扩大。

7.3　考虑应急准备及相关方案

7.3.1　漫画解说应急准备相关方案

7.3.2　应急救护的资源准备

应急救护资源是企业为有效应对生产事故而预先准备用于应急救护的人员、物品、装备等资源，是企业进行应急救护的前提条件，也是有效防范生产事故发生和扩大的重要保障。为了使生产经营活动正常进行，企业必须做好基本的应急救护资源准备，减少生产事故的损失。

1. 企业应急救护资源准备现状

目前，我国大部分企业的应急救护资源准备并不理想，很多企业没有准备或很少准备应急救护资源，这导致了企业的应急救护能力不强，不能及时、有效地防范生产事故的发生。目前，我国企业应急救护资源准备的现状主要体现在以下五个方面。

（1）企业内部缺乏专门的应急救护人员和组织，应急救护人员的应急救护意识和能力普遍较弱。

（2）缺乏充足的应急救护物品和装备，致使企业应急救护能力不足。

（3）应急救护装备种类少、功能差、性能不稳定。

（4）应急救护资源的装备率和有效利用率较低。

（5）缺少对应急救护资源的科学、合理、有效的管理，应急救护资源损失较大。

2. 应急救护资源准备要求

企业在进行应急救护资源准备时，应符合以下五项要求，如图7—7所示。

要求1 ◎ 根据实际应急救护的工作需求和应急预案内容，有针对性地准备应急救护资源，做到有的放矢

要求2 ◎ 要在保证应急救护质量的前提下，尽量节约应急救护资源的费用支出，降低应急救护成本

要求3 ◎ 要注意各种应急救护资源的合理组合和分配，消除制约企业应急救护工作的"短板"

要求4 ◎ 要注意保证应急救护资源的功能和质量，严禁采用过时、淘汰、无效或低效的应急救护资源

要求5 ◎ 要注意保留一定应急救护资源的"安全库存"，以保证更加顺利、有效地完成应急救护工作

图7—7 应急救护资源准备要求

3. 常见的应急救护资源

企业常见的应急救护资源主要有应急救护的人力资源、物品资源、装备资源和设备资源等，具体见表7—2。

表7—2　　　　常见的应急救护资源列表

资源类型		举例说明
人力资源	专业应急救护人员	企业救护小组人员、应急救护合作单位人员等
	辅助应急救护人员	事发现场工作人员、事发部门领导等

资源类型		举例说明
物品资源	医疗物品资源	进行应急救护的相关药品、医护物品等
	消防物品资源	用于消防安全的相关物品
装备资源	通信装备资源	电话、手机、对讲机、报警器等
	抢险装备资源	救生缓降器、救生气垫、自救呼吸器等
	医疗装备资源	急救箱、担架等
	防护装备资源	专业作业服、安全帽、防静电内衣、安全作业手套等
	侦察装备资源	生命探测仪、毒气探测仪、红外热像仪等
	运输装备资源	救护车、吊车等
设备资源	医疗设施资源	医务室等
	消防设施资源	自动喷水灭火系统、消防报警系统等

7.3.3 应急救护的训练准备

在应对生产事故、进行应急救护时，企业只做好充分的应急救护资源准备是不够的。为了快速、有效地利用应急救护资源，企业还要积极应对生产事故，进行科学、合理的应急救护训练，使应急救护资源发挥出更好的作用。

1. 应急救护训练的目的

企业进行应急救护训练的目的主要有以下五点。

(1) 强化员工的应急救护意识和责任感，使员工熟练掌握应急救护理论知识。

(2) 提高应急救护人员对应急救护装备的熟悉程度，提高应急救护人员对应急救护装备的使用意识和使用水平。

(3) 通过应急救护训练提高员工与救护小组的配合水平，使企业生产事故应对和应急救护工作更加顺利、高效。

(4) 通过应急救护训练，有效提高救护小组的应急救护能力。

(5) 通过应急救护训练，企业可检验应急预案的合理性和有效性，针对训练中出现的问题进行认真整改，从而提高应急预案的科学性和有效性。

2. 应急救护训练的考核

为了保证应急救护训练的质量、强化应急救护训练的效果，企业应对参加应急救护训练的人员进行合理的评估考核。企业在进行应急救护训练考核时的注意事项如图7—8所示。

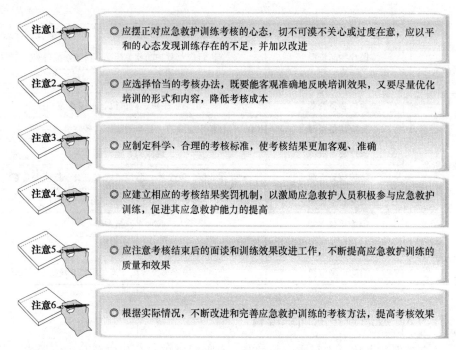

注意1 ◎ 应摆正对应急救护训练考核的心态，切不可漠不关心或过度在意，应以平和的心态发现训练存在的不足，并加以改进

注意2 ◎ 应选择恰当的考核办法，既要能客观准确地反映培训效果，又要尽量优化培训的形式和内容，降低考核成本

注意3 ◎ 应制定科学、合理的考核标准，使考核结果更加客观、准确

注意4 ◎ 应建立相应的考核结果奖罚机制，以激励应急救护人员积极参与应急救护训练，促进其应急救护能力的提高

注意5 ◎ 应注意考核结束后的面谈和训练效果改进工作，不断提高应急救护训练的质量和效果

注意6 ◎ 根据实际情况，不断改进和完善应急救护训练的考核方法，提高考核效果

图7—8　应急救护训练考核的注意事项

7.3.4　应急救护的心理准备

在生产事故应急救护过程中，许多员工由于心理素质较差，严重影响了应急救护工作的效率和质量。因此，企业在加强应急救护能力的同时，还应强化员工（尤其是救护小组人员）的心理素质。

1. 常见的心理问题

在实际应急救护工作中，企业员工常见的心理问题主要有以下几种。

（1）紧张。这是企业员工在应急救护工作中常出现的心理现象。适当的紧张情绪有利于提高应急救护的效率和质量，但过度的紧张情绪会使应急救护人员的工作准确率降低。

（2）恐惧。这也是企业员工在应急救护工作中常见的心理现象。企业员工在进行应急救护时，常会过高估计救护难度，以致感到害怕、束手无策，从而影响应急救护能力的正常发挥。

（3）挫折。当应急救护工作短时间没有明显效果时，救护人员就会出现挫折感，从而产生无奈、消极、放弃的表现。

（4）急躁。在应急救护工作中，救护人员可能会因情感和意志的不坚定而出现暴躁、激动、愤怒等不良情绪，进而引起盲目蛮干，使救护工作更加艰难。

（5）自我安全与麻痹。自我安全是应急救护过程中，员工的一种正常的自我保护意识，它会使员工面对危险时采取紧急避险的行为。麻痹则是因对救护难度和危险性的轻视而导致的心理现象，它使员工因错误判断形势而造成不必要的损失。在应急救护工作中，自我安全和麻痹都是影响应急救护效率和质量的重要因素。

2. 心理训练的内容

针对应急救护工作中常见的心理问题，企业应着重加强对员工心理素质的训练，训练的主要内容包括六个方面，如图7—9所示。

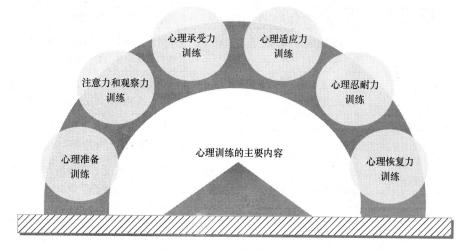

图7—9 心理训练的主要内容

3. 心理训练的方法

为了保证应急救护工作的效率和质量，有效防止生产事故的发生和扩大，企业应重点加强应急救护人员的心理训练。常见的心理训练方法主要有以下七种。

（1）不断强化应急救护人员的荣誉感、责任感和使命感，消除畏惧心理。

（2）用以往的成功案例不断增强应急救护人员的自信心。

（3）通过心理培训的方式，不断强化应急救护人员的心理素质和心理稳定性。

（4）通过模拟训练，有针对性地弱化甚至消除应急救护人员的心理问题。

（5）通过加强应急演练，不断提高应急救护人员的救护能力，磨练其心理承受力，消除应急救护工作中常见的心理问题。

（6）通过应急救护前的思想动员会议，激发应急救护人员的斗志，强调注意事项，使其保持良好的心理状态。

（7）加强对应急救护人员的激励措施，提高生产事故应急救护工作的积极性。

7.3.5　应急预案的执行准备

为了保证应急演练的质量，提高应急救护人员的工作能力，企业在进行应急演练前，必须做好相关的演练准备工作。

1. 组织准备工作

应急演练前，企业必须成立专门的演练组织机构，负责演练过程的指导、指挥、控制以及演练结束后的评估考核工作。具体的组织机构设置见表7—3。

表7—3　　　　　　　　　　应急演练的组织机构设置表

机构或人员	主要成员	主要任务
演练领导小组	总经理、生产总监、安全管理部经理、策划部经理等	负责演练全过程的组织领导，对演练中的重大事项进行审批
演练保障小组	后勤部人员、行政部人员、财务部相关人员等	负责演练物资、装备、场地的准备，现场秩序的维护，安全保卫等工作
演练评估小组	企业内部的专业应急救护人员或第三方组织机构	对应急预案演练的全过程进行评估，编写评估报告，并及时向总经理汇报
演练参演人员	救护小组人员、相关部门人员等	积极参加应急预案参演，对模拟事件中的"突发事件"做出快速、有效的应急响应

2. 装备准备工作

为了保障应急预案演练的顺利进行，演练保障小组应根据演练内容为演练中可能使用到的物品、装备、设备等做好充分准备。具体需要准备的物品主要有担架、灭火器、通信报警器材、应急救护药品和医护物品、个体防护装备、侦察装备、烟雾模拟装备等。

相关物品、装备准备完毕后，演练保障小组组长应对准备工作进行认真检查、核实，检查无误后方可进行应急预案的演练工作。

3. 场景准备工作

应急预案演练前，演练保障小组还应做好演练场景的准备工作。

（1）根据应急预案内容和相关规定，选择合适的应急演练场地。

（2）根据应急预案内容对演练场地进行布置，使其满足演练任务要求。

（3）演练保障小组组长应对演练场景进行检验，对不符合演练要求的场景进行合理改进。

（4）演练保障小组根据应急预案内容，启动生产事故场景并开始演练。

4. 其他准备工作

除了以上三项准备工作外，企业还应根据实际情况做好其他演练准备工作，如应急演练前的通知宣传和动员会议工作、演练计划的设计工作、演练流程的编制工作、演练人员和经费的保障工作等。

7.4　考虑应急响应及环节预案

7.4.1　漫画解说应急响应及环节预案

7.4.2　应急响应及环节流程

应急响应是指在生产事故发生后，企业相关人员进行的各种应急处置和救援工作，主要包括发生生产事故、接到事故报警和确定响应级别、启动应急预案、进行应急救护、应急恢复和应急结束六个环节。

1. 发生生产事故

企业生产经营中发生生产事故时，事故现场人员应立即拨打 120、119 等急救电话，同时拨打企业内部应急救护电话，简要说明生产事故的地点、类型、严重程度等情况，请求应急救护人员立即到达。

2. 接到事故报警和确定响应级别

企业救护小组接到生产事故报警后，应按照规定程序做好相关记录，同时对警情做出判断，初步确定应急响应级别。若生产事故低于最低响应级别要求时，应急响应关闭。

3. 启动应急预案

应急响应级别确定后，企业按照相应级别要求和生产事故类型立即启动应急预案，具体应做好以下四点。

（1）按照预案规定，立即通知应急救护人员做好应急救护准备并立即赶到事故现场。

（2）按照预案规定，立即通知仓储部立即调配应急救护所需的物资装备。

（3）按照预案规定，立即通知事发部门的负责人，请求其立即赶到事故现场。

（4）按照预案规定，组织成立应急救护指挥小组，确保应急救护的顺利进行。

4. 进行应急救护

救护小组人员接到通知后，立即准备相关物品、装备，赶到事故现场，迅速展开应急救护工作。在相关人员的配合下，救护小组应做好以下事项。

（1）快速进行事故现场的侦测和警戒，及时发现并排除危险因素，疏散现场员工，维持现场秩序，防止事故扩大。

（2）迅速进行伤病人员的应急救护和工程抢险，通过一定的应急救护措施，保障伤病人员的生命安全，减少事故的损失。

（3）当事故态势超过应急响应级别时，应急救护人员应立即提高应急响应级别，同时请求增援，提高应急救护能力。

（4）依据应急预案和相关应急救护知识，及时将伤病人员送至安全区域，维护伤病人员的生命健康，耐心等待医院救护车。

5. 应急恢复

危险因素及时清除、事故现场事态控制后，救护小组和事发部门管理人员应做好应急恢复工作，具体应做好以下五点。

（1）清理事故现场，及时清除无关物品，恢复事故现场的卫生。

（2）清点事故现场人员，组织现场人员有序撤离，保证其生命安全。

（3）再次确认事故现场的安全情况，确定无安全隐患后，解除事故安全警戒。

（4）根据有关规定，做好事故的善后处理事宜。

（5）严格按照企业规定，调查事故原因，并追究相关人员责任。

6.应急结束

生产事故处理完成后，相关人员进行应急救护的收尾工作时，应做好以下四点。

（1）救护小组人员按规定关闭应急响应程序，应急救护指挥小组宣布应急救护结束。

（2）相关人员进行应急工作总结，按有关规定编制应急报告，并及时上报总经理审批。

（3）对于重大生产事故，企业相关人员应按照国家法律规定，及时上报相关政府部门，并积极配合相关部门进行事故调查和分析。

（4）企业安全管理人员依据有关规定，及时向企业员工公布事故的起因、人员伤亡、经济损失、应急救护措施、事故处理结果、相关责任人的处罚等信息，提高信息透明度，增强员工的安全生产责任感。

7.4.3　应急响应级数的情况说明

根据企业自身战略发展规划和当前实际情况，结合国家相关法律法规，企业应科学、合理、实事求是地划分事故的应急响应级别。一般情况下，企业可根据自身情况，将应急响应划分为四个级别，具体见表7—4。

表7—4　　　　　　　　　　应急响应的级别条件

级别	具体条件
一级响应级别	当出现以下情况时，企业应启动一级响应级别 1. 出现严重安全隐患，危及生命健康的员工数在100人以上的 2. 发生生产事故，造成的伤亡人数在30人以上的 3. 发生生产事故，预计经济损失在＿＿＿＿元以上的
二级响应级别	当出现以下情况时，企业应启动二级响应级别 1. 出现严重安全隐患，生命健康受到威胁的员工数在30人以上、100人以下的 2. 发生生产事故，造成的伤亡人数在10人以上、30人以下的 3. 发生生产事故，预计经济损失在＿＿＿＿元以上、＿＿＿＿元以下的
三级响应级别	当出现以下情况时，企业应启动三级响应级别 1. 出现严重安全隐患，生命健康受到威胁的员工数在10人以上、30人以下的 2. 发生生产事故，造成的伤亡人数在3人以上、10人以下的 3. 发生生产事故，预计经济损失在＿＿＿＿元以上、＿＿＿＿元以下的

续表

级别	具体条件
四级响应级别	当出现以下情况时，企业应启动四级响应级别 1. 出现严重安全隐患，危及 10 人以下员工生命健康的 2. 发生生产事故，造成伤亡人数在 3 人以下的 3. 发生生产事故，预计经济损失在_____元以下的

7.4.4　应急响应工作考核办法

为了总结应急响应经验，提高应急救护人员的责任感和使命感，应急响应结束后，企业要根据相关人员的工作表现，进行应急响应考核。

为了更好地进行应急响应考核，企业应成立专门的考核小组。应急响应的考核对象主要有救护小组人员、相关应急救护保障人员、事发部门管理人员等参与应急响应的人员。

一般情况下，企业可按照以下流程进行应急响应的考核工作。

（1）成立考核小组。应急响应结束后，企业根据有关规定，组织成立应急响应考核小组，专门负责应急响应考核工作。

（2）收集相关资料。考核小组人员根据有关规定和具体工作情况，认真收集相关数据资料，为应急响应的考核工作做好准备。

（3）确定考核标准。考核小组根据实际工作情况，结合以往考核标准，编制此次应急响应的考核标准，并及时上报有关领导，最终确定此次应急响应的考核标准。

（4）进行评估考核。考核小组严格按照考核标准，对相关人员的表现进行评估考核，并做好考核记录。

（5）编写考核报告。考核小组应认真审核考核结果，按照有关规定编写应急响应考核报告，并及时上报总经理审批。

（6）进行考核面谈。企业领导人员应根据考核结果，与被考核者分别进行考核面谈，认真分析考核差异，找出应急响应工作中存在的缺点和不足。

（7）进行考核奖罚。企业相关人员应根据考核结果，严格按照相关规定，对被考核人员进行公平、公开的考核奖罚，以提高其工作积极性和责任感。

7.4.5　应急响应工作相关表单

1. 生产事故报警登记表

序号	事故类型	事发地点	事故损失	响应级别	报警人	报警人电话	备注
1							
2							
3							

2. 应急响应人员名单

序号	姓名	职位	技能水平	办公电话	手机号码	备注
1						
2						
3						

3. 生产事故分析报告单

档案编号： 填写日期： 年 月 日

事发地点	___部门___车间	事发时间	___年_月_日_时
人员伤亡	___人死亡，___人受伤	直接经济损失	_____元
事发原因			
相关人员责任			
安全管理部经理意见			
生产总监意见			
总经理意见			
备注			

第 8 章

优秀班组的应急救护准备

8.1 应急救护的知识准备

8.1.1 漫画解说应急救护知识准备

8.1.2　了解国家相关的法律法规

我国是一个工业生产大国，我们在分享工业生产成果的同时，也承受着突发生产事故带来的悲痛。党和国家历来高度重视生产事故的应对工作，制定了一系列法律法规，采取了各种措施，建立了越来越完善的生产事故应急救护机制。

目前，我国已颁布实施的关于企业生产事故应急救护的法律法规主要有《中华人民共和国矿山安全法》《中华人民共和国安全生产法》《中华人民共和国突发事件应对法》《中华人民共和国消防法》《国家安全生产事故灾难应急预案》《国务院安委会办公室关于贯彻落实国务院〈通知〉精神进一步加强安全生产应急救援体系建设的实施意见》等。

企业优秀班组在进行应急救护准备过程中，首先应了解国家应急救护的相关法律、法规，熟悉国家对应急救护工作的基本政策。以下是我国主要的应急救护的相关法律法规，企业管理人员应组织全体员工认真学习。

1. 《中华人民共和国矿山安全法》的相关规定

《中华人民共和国矿山安全法》于 1992 年 11 月 7 日公布、1993 年 5 月 1 日正式实施。《中华人民共和国矿山安全法》实施的主要目的是"保障矿山生产安全，防止矿山事故，保护矿山职工人身安全，促进采矿业的发展"。

《中华人民共和国矿山安全法》主要针对我国矿山生产中的安全生产建设和生产事故应急救援工作，提出了一系列的管理措施，有效规范了矿山企业的安全生产管理和生产事故处理工作。

《中华人民共和国矿山安全法》规定，"发生矿山事故，矿山企业必须立即组织抢救，防止事故扩大，减少人员伤亡和财产损失，对伤亡事故必须立即如实报告劳动行政主管部门和管理矿山企业的主管部门""发生重大矿山事故，由政府及其有关部门、工会和矿山企业按照行政法规的规定进行调查和处理""矿山事故发生后，应当尽快消除现场危险，查明事故原因，提出防范措施。现场危险消除后，方可恢复生产"。

2. 《中华人民共和国安全生产法》的相关规定

《中华人民共和国安全生产法》于 2002 年 6 月 29 日公布、2002 年 11 月 1 日正式实施。《中华人民共和国安全生产法》实施的主要目的是"加强安全生产监督管理，防止和减少生产安全事故，保障人民群众生命和财产安全，促进社会经济发展"。

《中华人民共和国安全生产法》提出了"安全第一，预防为主，综合治理"的指导方针，强化了政府部门机构和企业对安全生产的责任，加强了对生产过程中安全隐患的防治，明确规定了应急救援的基本处理措施。

《中华人民共和国安全生产法》规定，企业经营管理负责人有组织制定并实施本单位的生产安全事故应急救援预案的管理职责；容易发生生产事故的企业应建立应急救援组织，配备必要的应急救援器材、设备，并保证设备的正常运行；企业负责人接到生产事故报告后应当迅速采取有效措施，组织抢救，防止事故扩大，减少人员伤亡和财产损失，同时按照国家有关规定，立即如实报告当地负有安全生产监督管理职责的部门，不得隐瞒不报、谎报或者拖延不报，不得故意破坏事故现场、毁灭有关证据。

3.《中华人民共和国突发事件应对法》的相关规定

《中华人民共和国突发事件应对法》于2007年8月30日通过、2007年11月1日正式实施。《中华人民共和国突发事件应对法》颁布的主要目的是"预防和减少突发事件的发生，控制、减轻和消除突发事件引起的严重社会危害，规范突发事件应对活动，保护人民生命财产安全，维护国家安全、公共安全、环境安全和社会秩序"。

《中华人民共和国突发事件应对法》主要针对突发事件，确定了预防与应急准备、监测与预警、应急处置与救援、事故恢复与重建的管理思路。该法不仅明确了突发事件的应急处置，还延伸到了检测、预警和恢复、重建，更加完善了突发事件的防治和应对管理。

4. 其他法律法规的相关规定

《中华人民共和国消防法》《国家安全生产事故灾难应急预案》《国务院安委会办公室关于贯彻落实国务院〈通知〉精神进一步加强安全生产应急救援体系建设的实施意见》等法律法规，都从不同方面规定了应急救护的相关管理措施。随着我国向工业强国的迈进，相关的法律法规会越来越健全，我国企业的生产事故损失也会得到持续有效的控制。

8.1.3 熟悉应急预案的系统知识

企业班组人员在了解国家应急救护相关法律法规的同时，还应熟悉掌握应急预案的系统知识，知晓应急救护的基本流程，为应急救护工作打好理论基础。

1. 应急预案的定义和作用

应急预案是指企业为了有效应对生产事故、减少生产事故损失，预先制定的监测预警、应急救护、应急恢复和重建的生产事故应对方案。一般来说，应急预案主要有五方面作用，如图8—1所示。

2. 应急预案的基本结构

虽然各种类型的应急预案侧重点不同，但都可以采用相似的基本结构。一般情况下，应急预案多采用基于应急任务或功能的"1＋4"编制结构，即"基本预

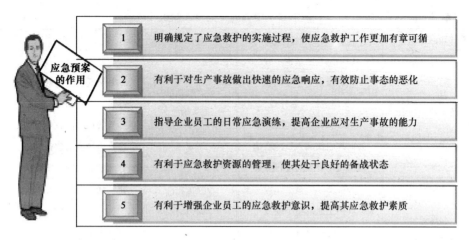

图 8—1　应急预案的作用

案"加上"应急功能设置""特殊风险管理""标准操作程序和支持附件",具体如图 8—2 所示。

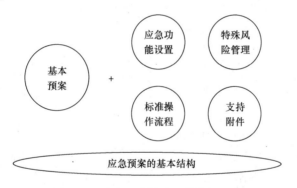

图 8—2　应急预案的常见结构示意图

8.1.4　进行应急救护专业知识培训

企业员工除了要了解国家应急救护的相关法律法规、熟悉应急预案系统知识,还应熟练掌握应急救护的专业知识和技能。对此,企业应加强对员工应急救护专业知识的普及和培训,提高其应急救护的意识和能力。

1. 专业知识的主要培训内容

企业应急救护专业知识培训的对象主要有救护小组人员、企业生产管理人员、班组人员等。企业应根据生产经营中常见的生产事故和实际工作要求,结合员工的实际应急救护水平,合理确定应急救护知识培训的主要内容。一般情况下,企业需要进行培训的专业知识内容见表 8—1。

表 8—1 　　　　　　　　　　　　　应急救护培训的主要专业知识

知识类别	知识明细	知识类别	知识明细
基本救护知识	现场急救的基本步骤	五官损伤的急救措施	眼睛损失的急救办法
	应急预案的主要内容		耳朵受伤的急救办法
	如何进行紧急呼救		鼻部受伤的急救办法
	如何确认现场安全		气管堵塞的急救办法
	如何判断伤病人员的伤情		食道堵塞的急救办法
	如何对伤病人员进行分类	化学烧伤的现场急救	化学烧伤的主要症状
现场救护基本技术	心肺复苏的基本知识		化学烧伤的基本急救步骤
	现场止血的基本办法		各种物质烧伤的具体急救办法
	如何进行包扎		
	骨折固定基本技术	野外作业突发情况的急救措施	野外生产事故的种类
	如何正确搬运伤病人员		如何避免野外生产事故
急性中毒的现场急救	急性中毒救护的原则		野外急救的原则
	中毒救护的基本急救步骤		野外急救的基本步骤
	如何判断中毒物质		各种生产事故的具体急救措施
	排除毒物的方法措施		
	各种毒物中毒的具体急救措施	其他情况的急救技术	火灾现场的急救措施
			触电现场的急救措施
紧急外伤的急救技术	机械割伤的急救办法		中暑现场的急救措施
	机械夹伤的急救办法		冷冻伤的急救措施
	断肢或断指的急救办法		车祸现场的急救措施
	骨折的急救办法		地震的急救措施
	颅脑受伤的急救办法		坍塌的急救措施
	关节脱位的急救办法		淹溺的急救措施
	胸部创伤的急救办法		高空坠物的急救措施
	腹部创伤的急救办法		雷击的救护措施

2. 专业知识培训的实施

企业相关人员可按以下步骤对企业员工进行专业知识的培训。

（1）进行实际的工作调查，收集相关数据，明确生产经营中容易发生的生产事故种类。

（2）通过问卷调查或访谈的方式，了解员工的应急救护水平及其知识需求。

（3）根据收集的资料，编制应急救护培训课程清单，并上报有关领导审批。

（4）根据企业相关规定，制订应急救护培训计划，并及时报有关领导进行审批。

（5）根据培训内容和员工的基本水平，编制应急救护培训教案，通过有关领导审批后，作为应急救护培训讲义。

（6）严格按照领导指示和培训计划进行员工应急救护培训。

（7）培训结束后，及时对培训效果进行考核，编写培训报告书，并上报有关领导。

（8）认真总结培训技巧，吸取培训经验和教训，为下次专业知识培训打好基础。

8.1.5　应急救护现场环境知识培训

应急救护现场环境是生产事故现场的周围布局和具体场景。每种生产事故都有自己的现场环境，不同的生产事故其现场环境也表现出不同的特点，对应急救护人员也有着不同的要求。

在现实工作中，常见的应急救护现场环境主要有火灾现场环境、雪灾现场环境、爆炸现场环境、有毒有害物质泄漏现场环境、车祸现场环境、雷击现场环境、淹溺现场环境等。

1. 应急救护现场环境培训的作用

一般而言，应急救护现场环境培训的作用主要有以下四点。

（1）让企业员工提前了解生产事故现场情况，做好应急救护工作的心理准备。

（2）熟悉各种生产事故现场的危险因素及排除方法，有效防止事态的扩大。

（3）掌握各种生产事故现场的应对措施，使应急救护工作更加专业、顺利。

（4）有利于分类总结各种现场环境的应急救护经验，改进相应生产事故的应急救护技术，提高员工的应急救护能力。

2. 应急救护现场环境培训的内容

企业应根据战略发展规划和自身生产经营的特点，在调研研究的基础上，合理确定应急救护现场环境培训的内容。一般情况下，培训内容至少应包括八点，如图8—3所示。

3. 应急救护现场环境培训的实施

一般情况下，企业可按照以下步骤进行应急救护现场环境的培训工作。

（1）根据企业发展规划，结合实际工作要求，合理制定培训规划。

（2）多方面收集相关资料，为应急救护现场环境的培训工作做好准备。

（3）编制培训讲义，并及时上报相关领导审批。

（4）依照企业安排，组织员工进行应急救护现场环境培训。

（5）及时对培训结果进行考核，编写培训报告，并按时上报有关领导。

（6）总结培训经验和教训，整理、丰富培训内容，为下次培训工作做好准备。

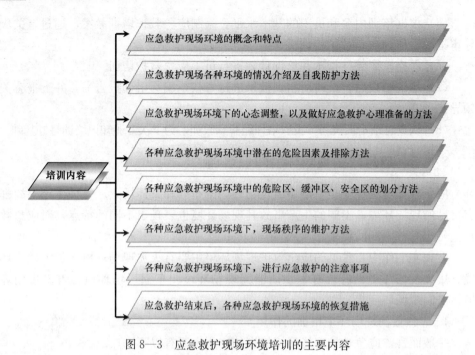

图8—3　应急救护现场环境培训的主要内容

8.2　应急救护的装备使用准备

8.2.1　漫画解说应急救护装备使用准备

8.2.2   制订应急救护装备供给计划

为了为应急救护工作及时提供可靠的应急救护装备，有效防范生产事故的发生和扩大，减少事故损失，企业应制订合理的应急救护装备供给计划。

1. 供给计划的制订流程

一般情况下，企业可按照以下步骤制订应急救护装备供给计划。

（1）企业领导应组织相关人员成立供给计划制订小组，专门负责供给计划的制订。

（2）制订小组人员多方面收集相关资料（如危险源统计、应急救护工作记录、现有装备情况、装备耗用率、相关报表文件等），为供应计划制订工作做好准备。

（3）制订小组应根据收集的相关资料，结合实际工作情况，提出合理的应急救护装备需求，并结合库存情况，制订科学合理的应急救护装备采购计划。

（4）制订小组根据实际工作情况，与仓储部和救护小组相关人员进行积极沟通和探讨，共同制定应急救护装备保管规定、应急救护装备领取计划、应急救护装备检查计划等内容，并及时上报有关领导进行审核审批。

（5）企业有关领导认真审核供给计划内容，经过商讨、修改后，最终颁布并实施应急救护装备供给计划。

（6）制订小组根据工作条件的变化和实际工作需要，定期对应急救护装备供给计划进行修改和完善，使之更好地满足应急救护工作的要求。

2. 供给计划的主要内容

应急救护装备供给计划主要包含装备采购计划、装备保管规定、装备领取计划和装备检查计划，具体内容见表8—2。

表 8—2   **应急救护装备供给计划的主要内容**

项目	内容说明
采购计划	◎ 应急救护装备的需求分析 ◎ 选择应急救护装备的供应商 ◎ 采购计划的制订、审批和实施 ◎ 采购计划的评估和总结
保管规定	◎ 应急救护装备储位的规划和管理 ◎ 应急救护装备分类管理办法 ◎ 应急救护装备安全库存管理规定 ◎ 应急救护装备的日常维护、保养和盘点规定 ◎ 应急救护装备的资产管理规定
领取计划	◎ 应急救护装备的申领条件 ◎ 应急救护装备的领取过程 ◎ 应急救护装备的领取登记
检查计划	◎ 应急救护装备保管人员和使用人员的装备检查规定 ◎ 应急救护装备检查计划的制订和实施

3. 制订供给计划的注意事项

编制小组在制订供给计划时，应注意以下四点。

（1）装备供给计划须立足当前、着眼长远，切不可脱离企业实际情况。

（2）装备供给计划应与应急救护工作的其他相关规定相协调、相一致。

（3）装备供应计划应注意对呆废装备的合理回收利用。

（4）装备供应计划应注意控制和降低供应成本。

8.2.3   按规定保管应急救护装备

应急救护装备保管是进行应急救护装备管理不可或缺的环节，同时也是保证应急救护装备质量和正常供给、促进应急救护工作顺利进行的重要工作内容。因此，应急救护装备保管人员应严格按照相关规定，做好应急救护装备的保管工作。

1. 装备保管规定的主要内容

一般情况下，应急救护装备保管规定至少应包含六方面内容，如图 8—4 所示。

2. 装备保管规定的制定流程

企业在制定应急救护装备保管规定时，应按以下步骤进行。

（1）企业根据实际工作情况，指定专门人员（一般为仓库管理人员）负责应急救护装备保管规定的制定、修改和解释工作。

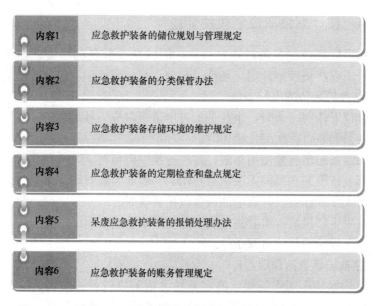

图 8—4　应急救护装备保管规定的主要内容

（2）企业指定的人员应认真收集应急救护装备保管的相关资料，为制定应急救护装备保管规定做好准备。

（3）保管规定编制人员严格按照领导指示和有关规定要求，结合应急救护装备的保管特点，编制科学、合理、可行的应急救护装备保管规定，并及时上报有关领导进行审核。

（4）企业相关领导认真审核保管规定，并最终签字确认。

（5）保管规定编制人员应根据实际工作情况，定时修改、完善保管规定内容，确保应急救护装备保管规定适应装备管理工作。

3. 应急救护装备保管的注意事项

应急救护装备保管人员在进行装备保管过程中，应注意以下事项。

（1）应急救护装备保管人员应根据装备的特性，分类进行装备保管工作。

（2）应急救护装备保管过程中，保管人员应定期对各种装备进行维护保养，并做好相关记录。

（3）当应急救护装备数量少于安全储备量时，保管人员应及时上报有关部门，立即进行应急救护装备的采购和补充，确保应急救护装备的正常供给。

（4）保管人员应认真做好应急救护装备的资产管理工作，按企业要求做好应急救护装备的盘点、报废和账务调整工作。

（5）应急救护装备保管人员应定期接受上级管理人员的工作检查，如实提供相关记录资料，确保应急救护装备的安全。

8.2.4 按计划领取应急救护装备

为了保证应急救护装备的正常供应，同时减少装备的浪费、损坏等不良现象，企业员工应严格按照计划，规范、合理、有计划地领取应急救护装备。

1. 应急救护装备的申领条件

当符合以下任何一条时，企业员工可申请领取应急救护装备。

（1）新采购装备首次配发使用时。

（2）旧装备超出有效使用年限，需进行统一更换时。

（3）旧装备因某些原因无法正常使用，并经有关领导同意申领时。

（4）因实际工作需要，需增加应急救护装备时。

（5）发生生产事故，需要使用或增加使用某些装备时。

（6）企业规定的其他申领条件。

2. 应急救护装备的领取程序

企业应根据实际工作需要，制定宽松灵活的应急救护装备领取程序，并要求员工严格按照程序流程领取相关应急救护装备。一般情况下，企业可按如图8—5所示流程，进行应急救护装备的领取。

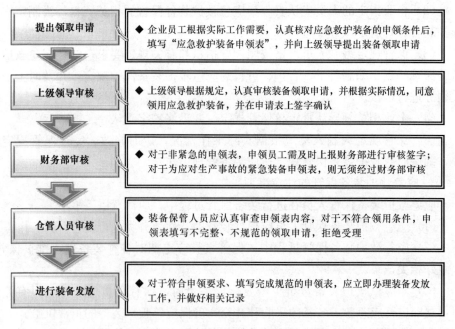

图8—5 应急救护装备的领取程序图

3. 应急救护装备领取的注意事项

企业在规范应急救护装备领取工作时，应注意以下事项。

（1）对于价值在＿＿＿＿元以下的应急救护装备，领取人员可按照有关规定自行保管，并对装备的安全负责；对于价值在＿＿＿＿元以上的应急救护装备，领取人员在使用完成后，应及时归还仓储部。

（2）对于员工提出的应急救护装备领取申请，上级领导应认真调查核实。对于确实需要领取且符合相关领取条件的，同意员工填写"应急救护装备申领表"；对于确实需要领取，但领用条件上没有相关说明的，应及时向总经理申请特批，以满足实际工作需要；对于无须领取且不符合领用条件的，应制止员工的申领行为。

（3）应急救护装备保管人员应认真审核"应急救护装备申领表"，仔细检查是否符合申领条件，申领表填写是否完整、规范，不合要求的领用申请不予受理。

（4）对于因装备损坏、老旧等原因提出装备申领的，应急救护装备保管人员应采取"以旧换新"的方式进行装备领取，以减少应急救护装备的遗失现象。

（5）应急救护装备保管人员进行装备发放时，应当面填写装备发放台账，并由双方签字确认，务必保证应急救护装备账实相符。

8.2.5　按计划检查应急救护装备

为了及时发现应急救护装备的潜在问题，保证装备的正常可用，企业员工应认真做好应急救护装备的维护和检查工作，杜绝因装备问题而影响应急救护工作的现象。

1. 储存阶段的装备检查

应急救护装备保管人员应严格按照企业相关规定，认真做好应急救护装备的保存、维护、盘点和检查工作。装备保管人员一方面应严禁因个人原因造成应急救护装备的遗失和损坏，另一方面应及时发现存在问题的应急救护装备，并及时上报有关领导。

2. 日常装备检查

（1）员工应爱护应急救护装备，定期进行维护和检查，并按规定填写检查记录表单。

（2）实行应急救护装备经济责任制，员工因个人原因造成装备遗失、浪费或损坏时，应按相关规定进行赔偿。

（3）员工在检查过程中若发现应急救护装备损坏，无法正常使用时，应立即上报上级领导，查明损坏原因，并按规定进行应急救护装备维修或领取新装备。

3. 使用前装备检查

在接到应急救护通知时，应急救护人员应快速检查应急救护装备，确保其能正常使用，促进应急救护工作的实施。

4. 装备检查的注意事项

企业相关人员在进行应急救护装备检查过程中，应注意以下五点，如图8—6所示。

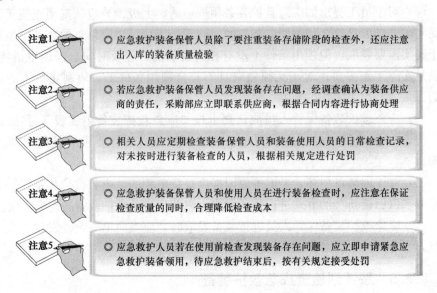

注意1　◎ 应急救护装备保管人员除了要注重装备存储阶段的检查外，还应注意出入库的装备质量检验

注意2　◎ 若应急救护装备保管人员发现装备存在问题，经调查确认为装备供应商的责任，采购部应立即联系供应商，根据合同内容进行协商处理

注意3　◎ 相关人员应定期检查装备保管人员和装备使用人员的日常检查记录，对未按时进行装备检查的人员，根据相关规定进行处罚

注意4　◎ 应急救护装备保管人员和使用人员在进行装备检查时，应注意在保证检查质量的同时，合理降低检查成本

注意5　◎ 应急救护人员若在使用前检查发现装备存在问题，应立即申请紧急应急救护装备领用，待应急救护结束后，按有关规定接受处罚

图8—6　进行应急救护装备检查的注意事项

8.3　应急救护的实战演练

8.3.1　漫画解说应急救护实战演练

实战演练是提高应急救护技能的唯一途径。

进入应急救护现场一定要佩戴劳动防护用品。

8.3.2　应急救护的演练方案示例

下面是某企业的火灾现场应急救护演练方案，供读者参考。

方案名称	火灾现场应急救护演练方案	编　号	
		执行部门	

一、目的

为了强化员工的应急救护意识和责任感，锻炼救护小组应对突发火灾事故的能力，有效防范类似生产事故的发生和扩大，最大限度地减少事故损失，特制定本演练方案。

二、演练指导思想

在这次生产事故演练过程中，公司应以"安全第一、预防为主、综合治理"及"救护优先、防止事态扩大优先"为指导思想，贴近实战，切实提高全体员工应急救护的意识和能力。同时，在演练过程中，公司应尽量保证演练人员和观看人员的安全。

三、演练组织机构及职责

为保证此次演练的顺利进行，公司应组织成立完善的演练组织机构，做好演练的人员准备工作。具体的组织机构设置情况如下图所示。

应急救护演练组织机构设置图

1. 演练指挥小组的主要职责

在此次演练过程中，演练指挥小组主要根据"突发火灾事故"的具体情况，准确判断应急响应级别，启动应急预案，统一组织协调火灾现场的应急救护工作，有效控制事态，减少事故损失。

2. 其他工作小组的主要职责

(1) 演练策划小组主要负责整个演练过程的策划工作，指导、检查演练现场的准备工作，并有效解

续表

方案名称	火灾现场应急救护演练方案	编　号	
		执行部门	

决演练过程中遇到的各种问题。

（2）演练评估小组主要负责此次"生产事故"演练的记录和对相关人员的评估考核工作，编制演练评估报告，并及时上报有关领导。

（3）演练救援小组主要负责突发火灾现场的应急救援工作，有效控制火灾影响，积极救护伤病人员，最大限度地减少"事故损失"。

（4）医疗救护小组主要负责设置医疗救护区域，并在医院救护车到来前，对伤病人员进行紧急治疗和救护工作。

（5）演练保障小组主要负责演练现场的布置和准备、现场秩序的维护，为应急救护演练提供有力保障。

四、演练时间和地点

1. 此次火灾现场应急救护演练的时间为____年__月__日。

2. 此次火灾现场应急救护演练的地点为____车间及其周围区域。

五、演练内容

本次演练假定____车间突发火灾事故，事故现场人员立即报警求救。指挥小组接到报警后，立即判断应急响应级别，并启动应急预案。演练救援小组根据应急预案要求，立即赶到事故现场进行应急救援。经紧急抢救，共有____名员工被烧伤，____名员工出现昏迷。演练救援小组及时将伤病人员送至安全区域，交由医疗救护小组进行紧急救治。

六、演练准备工作

1. 演练人员准备

根据此次演练策划安排，参加应急救护演练的人员情况如下表所示。

参加应急救护演练的人员清单

组织类别	人员清单
演练指挥小组人员	
演练策划小组人员	
演练评估小组人员	
演练救援小组人员	
医疗救护小组人员	
演练保障小组人员	
参与人员	其他所有员工

2. 演练物资装备准备

演练救援小组人员应根据演练策划内容和实际工作情况，积极做好应急救护物资装备的准备和检查工作，保障物资装备的正常可用。

3. 演练现场准备

演练保障小组人员应积极配合演练策划小组人员，认真做好演练现场的准备工作，仔细布置和检查演练场景，确保演练活动的顺利进行。

续表

方案名称	火灾现场应急救护演练方案	编　　号	
		执行部门	

七、演练实施步骤

1. 演练领导小组组长对参与人员发表动员讲话，说明此次演练的目的和意义，希望全体员工重视此次演练活动，认真学习应急救护知识，切实提高应急救护能力。

2. ＿＿＿车间人员发生突发火灾事故，立即拨打119和公司内部的应急救护电话进行报警求救。＿＿＿车间主任立即判断火情，组织疏散工作人员，并试图控制火势蔓延。

3. 指挥小组接到报警后，立即根据事故情况，准确判断应急响应级别，启动应急预案，并立即通知救护小组人员进行生产事故救护。

4. 演练救援小组接到通知后，立即准备相关物资装备，及时赶到事故现场进行应急救援工作。演练救援小组发现伤病人员后，应立即对其进行紧急救护，并及时将其送至医疗救护区域。同时，演练救援小组人员对火灾现场进行有效控制，防止灾情扩大。

5. 医疗救护小组人员根据病情对伤病人员进行分类，并按照一定的原则进行紧急救治，确保伤病人员的生命安全，直到医院救护车到来。

6. 消防车和医院救护车到来后，一方面，医疗救护小组立即将伤病人员抬至救护车，并送到医院救治；另一方面，救护人员应积极配合消防队灭火，消除灾情。

7. 演练指挥小组组织召开相关会议，对演练活动中表现出色的部门和个人进行表彰，同时指出演练中存在的不足，要求相关人员认真总结应急救护经验和教训，不断提高应急救护能力。

8. 最后，演练指挥小组宣布此次演练活动结束。

八、演练效果评估

在演练过程中，演练评估小组人员应认真记录演练内容，把握应急演练中的重要环节，认真分析各部门参演人员的工作表现，最后编制评估报告并上报总经理审批。

九、进行演练奖励

总经理认真查看演练评估报告，结合实际演练情况总结分析公司的应急救护能力，同时根据评估报告和日常工作表现对有关部门和个人进行适当奖励，并颁发相关奖励证书。

编制人员		审核人员		批准人员	
编制日期		审核日期		批准日期	

8.3.3　领取与佩戴应急救护装备

为了顺利进行应急救护演练，完成领导交给的演练任务，演练救援小组应首先做好应急救护装备的领取、检查和佩戴工作。

1. 领取应急救护装备

演练救援小组人员在领取应急救护装备时应注意以下事项。

（1）根据实战演练的内容，合理确定需领取装备的种类、型号、数量。

（2）严格按照规定程序申请领取应急救护装备，切不可违规领取。

（3）演练救援小组人员应爱惜应急救护装备，保证装备安全、不受损伤。

（4）实战演练结束后，演练救援小组人员应及时归还领用的应急救护装备。

2. 检查应急救护装备

在领取应急救护装备前，演练救援小组人员应认真检查应急救护装备是否正常可用。若应急救护装备存在问题，演练救援小组人员应立即更换完好、正常可用的应急救护装备。

3. 佩戴应急救护装备

实战演练中，演练救援小组在接到救护通知后，应准确、快速地佩戴应急救护装备。一般情况下，需要佩戴的应急救护装备的主要种类见表8—3。

表8—3 佩戴应急救护装备清单

装备类型	装备明细
手套类	绝缘手套、防刺手套、防割防爆手套等
工作服类	防静电内衣、消防服、防爆服、安全帽等
作业鞋类	绝缘鞋、攀岩作业鞋、抢险作业鞋、消防胶鞋等
其他辅助装备	对讲机、探照灯、急救箱、防毒面具、呼吸器、便携式探测仪等

8.3.4 准备应急救护演练的现场

为了保证应急救护演练一定的真实性，使员工更加真实地感受生产事故的场景，有效提高员工应急救护的心理素质和能力，企业应切实做好演练现场的准备工作，设置良好的演练场景。

1. 演练现场准备人员

演练现场的准备人员主要为演练策划人员和演练保障人员，其主要职责如下所示。

（1）演练策划人员主要负责演练现场的策划、指挥和协调工作，对演练现场进行合理的布局，提高演练的真实性。

（2）演练保障人员主要在演练策划人员的指挥下，实施演练现场的布置和准备工作。

2. 演练现场准备内容

一般情况下，演练现场需要准备以下五方面内容。

（1）合理规划布置演练现场，包括指挥区、观摩区、演练区以及相关运输通道。

（2）准备好生产事故现场的布置，包括人员安排、场地安排和事故源安排等。

（3）为提高演练真实性，准备好相关烟雾、光电物品和设备。

（4）设置好相关录音摄像装备。

（5）根据实际需要，做好其他演练准备。

3. 演练准备注意事项

一般情况下，在进行演练现场准备时，现场准备人员应注意以下事项。

（1）优化演练现场策划，选择合适的演练场景。

（2）灵活运用各种物品、装备，提高演练的真实性。

（3）做好观摩人员的警戒工作，维护好演练现场秩序。

（4）在提高演练现场真实性的同时，必须消除危险因素，保证演练现场人员的安全。

（5）注意控制演练准备的费用支出，不得超出预算安排。

8.3.5　进行应急救护的模拟演练

当所有的应急救护演练准备完成并通过检查验收后，演练指挥小组组长可正式宣布进行应急救护模拟演练。

1. 模拟演练注意事项

企业在进行应急救护模拟演练时，企业相关员工应注意五点事项，如图8—7所示。

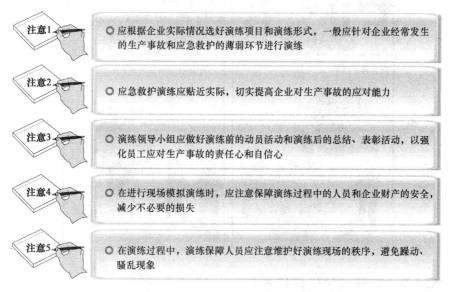

图 8—7　模拟演练的注意事项

2. 模拟演练评估总结

（1）演练指挥小组应组织成立演练评估小组，负责演练过程的记录和评估总结工作。

（2）模拟演练结束后，演练评估人员应做好模拟演练的评估考核工作，编制演练评估报告，并及时上报有关领导。

（3）企业领导应对演练过程中表现突出的部门和人员进行及时、合理的奖励，以充分调动应急救护人员的工作积极性。

8.4 应急救护的后勤准备

8.4.1 漫画解说应急救护后勤准备

8.4.2 应急救护的搬运准备

在应急救护过程中，应急救护人员对伤病人员进行合理的紧急救护后，应及时将其搬运至安全场所或指定的临时医疗救治场所。为了保证伤病人员的顺利搬运，企业相关人员应做好充分的搬运准备。

1. 搬运人员准备

（1）企业规模较小、应急救护组织机构比较简单时，一般由应急救护人员兼任搬运人员，负责伤病人员的搬运工作。

（2）企业规模较大、应急救护组织机构比较健全时，一般设有专门的搬运小组，专职负责伤病人员的搬运工作。

2. 搬运知识准备

应急救护小组应加强对小组成员或搬运人员的搬运知识培训，不断丰富理论知识，提高搬运技能，改善搬运质量和效率，促进事故现场伤病人员的紧急救治。

3. 搬运装备准备

为了保证伤病人员搬运的顺利进行，有效提高搬运的质量和效率，救护小组应准备标准、齐全、完好的搬运装备。常见的搬运装备主要有担架、手推车等。

8.4.3　应急救护的场所准备

为了提高应急救护的质量和效率，有效保证伤病人员的生命健康，救护小组在进行应急救护时，应合理设置临时应急救护区，以方便伤病人员的救治工作。

1. 应急救护场所的设置

应急救护场所由应急救护指挥小组选定。一般情况下，应急救护场所应设置在生产事故现场上风向100米外、交通方便、便于实施救护的地方。

2. 应急救护场所的划分

应急救护场所划分的主要依据是现场伤情、伤员的分类。国际公认的划分标准是将现场伤情分为0类（致命伤）、Ⅰ类（危重伤）、Ⅱ类（中重伤）、Ⅲ类（轻伤）四个等级。据此，企业应急救护小组可将应急救护区域合理划分为以下四个区域见表8—4。

表8—4　　　　　　　　　　　应急救护场所区域划分

区域	具体说明
0类救护区	◆ 该区域以黑色标志旗为标志，一般用来放置无生命特征、有待确认的死亡伤病人员
Ⅰ类救护区	◆ 该区域以红色标志旗为标志，一般用来放置和救护有生命危险的重度伤病人员
Ⅱ类救护区	◆ 该区域以黄色标志旗为标志，一般用来放置和救护无严重生命危险的中度伤病人员
Ⅲ类救护区	◆ 该救护区以绿色标志旗为标志，一般用来放置和救护无生命危险的轻度伤病人员

3. 应急救护场所准备注意事项

应急救护指挥组在准备应急救护场所时应注意如图8—8所示四点事项。

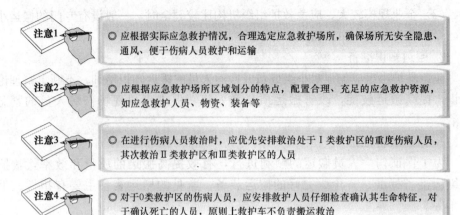

图8—8　应急救护场所准备的注意事项

8.4.4　应急救护的物资准备

1. 编制应急救护物资清单

为了更好地保障伤病人员的生命健康，企业应根据实际工作要求，编制合理的应急救护物资清单。常见的应急救护物资主要有饮用水、食品、简易保温袋、被褥、医疗药品等。

2. 应急救护物资的采购

企业采购部应认真做好应急救护物资的采购工作。在应急救护物资的采购过程中，采购人员应注意以下五点。

（1）选择物资供应商时，应注意考察供应商的规模、信誉、后续服务等。

（2）在保证物资质量的前提下，优先采购价格较低的物资。

（3）应根据实际情况，制定合理的采购模式，降低采购成本。

（4）签订采购合同时，应注意明确写明采购双方的责任及其处罚措施。

（5）必须注意到货物资的查看验收工作，确保物资数量准确、质量可靠。

3. 应急救护物资的保管

一般情况下，应急救护物资由仓储部指定相关人员负责保管和维护。物资保管人员应做好以下四点，以确保应急救护物资的安全。

（1）应根据物资的特性，合理调节物资存储环境，保证物资的安全。

（2）应定期对应急救护物资进行维护保养工作，延长物资的保质期。

（3）应定期进行应急救护物资的检查和盘点工作，及时发现物资异常现象，做到账实相符。

（4）认真做好应急救护物资的管理工作，对呆废物资进行分类存放，并及时上报有关领导进行处理。

8.4.5　应急救护的医疗准备

针对生产事故中的伤病人员，企业应及时、有效地进行紧急医疗。为了确保医疗的顺利进行，企业应做好以下准备工作。

1. 医疗人员准备

规模较小的企业，一般由应急救护人员担任临时的医疗人员；规模较大的企业，一般设有应急医疗小组，专职负责伤病人员的医疗工作。

2. 医疗物资准备

为了保证伤病人员救治的顺利进行，企业应根据实际工作情况，准备充足、有效的医疗物资。常见的医疗物资主要有药品、医疗耗材和简易的医疗器械。

3. 医疗预算准备

是否有充足的医疗预算是伤病人员能否得以成功医治的关键因素。对此，企业应制定完善的医疗预算管理制度，健全对医疗预算的编制、执行和报销等环节的监督和管理，确保伤病人员的顺利、成功救治和企业财产的安全。

4. 医疗准备注意事项

企业在完善应急救护医疗的准备工作时，应注意以下事项。

（1）应注意加强对医疗人员的教育培训，不断提高医疗人员的医疗水平。

（2）应注意对医疗物资的保管工作，禁止使用过期的医疗物品。

（3）应积极加强与外部应急医疗机构之间的合作，强化企业的医疗能力。

（4）应根据自身发展情况，适当进行医疗设施的建设和购置。

第 9 章

优秀班组的应急救护流程

9.1 进入应急救护现场

9.1.1 漫画解说进入应急救护现场

9.1.2 巡视事故现场情况

应急救护小组在对事故进行应急救护之前，需对生产现场的情况进行巡视，以了解灾情。

1. 了解事故现场的情况

应急救护小组应进行事故现场的巡视，以便全面了解事故现场的情况。巡视事故现场需了解的情况包括事故发生的单位、时间、地点，以及事故现场的情况、事故发生的经过、事故造成的伤亡人数及经济损失等事项。具体了解的事项如图9—1所示。

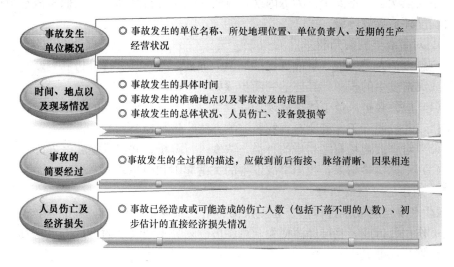

图9—1 巡视事故现场了解的事项

2. 事故现场的巡视

应急救护小组要了解事故现场的情况，需进行现场的巡视。由于事故性质不同，现场情况不同，现场巡视的顺序也不完全相同。常用的巡视顺序见表9—1。

表9—1 事故现场的巡视顺序

巡视方法	巡视顺序
从中心向外围巡视	◆从事故现场的中心部位，从事故破损部件、碎片的地点开始，逐步向外扩展，直至巡视到生产车间的边缘
从外围向中心巡视	◆适用于范围较大、中心部位不甚明显、痕迹和物证比较分散的现场，如火药爆炸、瓦斯爆炸、锅炉爆炸等事故现场 ◆从事故现场边缘开始，逐渐收缩圈子，直至巡视现场的中心部分
分片分段巡视	◆多用于范围较大、地处狭长、涉及几处地点或几个场合的事故现场 ◆依照客观环境和地形的特点，把事故现场划分为若干片、段 ◆每个片、段都作为一个相对独立的部分，按其形成的先后顺序逐个进行巡视，或者救护人员分为若干组、同时进行巡视
从某个特定的部分开始巡视	◆用于事故现场中某部分存在潜在危险的现场 ◆为查明事故原因，需要立即对某个客体进行巡视检查时，为了不影响生产的正常进行或避免造成更严重的后果，事故现场巡视也可以从这些特定的部分开始

9.1.3　评估判断现场事故

应急救护人员需充分考虑伤病人员的受伤部位、受伤性质、致害物、伤害方式、不安全状态、不安全行为等因素，对事故类型进行判断，并按照事故造成的伤害程度评估事故等级。

1. 对事故类型的判断

应急救护人员应进入事故现场搜集相关证据，并对其进行分析和判断，找出事故或灾情发生的根源。具体的判断步骤如下所示。

（1）应急救护人员了解事故现场后，对存在有毒有害物质的事故现场进行快速采样，并按照《工作场所有害物质监测方法》进行检验。

（2）对事故现场有害物质的种类、浓度进行分析，并出具检验报告。

（3）根据检验结果，找出事故发生的关键起因和根源。

2. 对事故等级的划分

《生产安全事故报告和调查处理条例》第三条规定，根据生产安全事故造成的人员伤亡数目或者直接经济损失，可将事故划分不同级别的事故等级。具体事故等级划分标准见表9—2。

表9—2　　　　　　　　　　　安全事故等级划分标准

事故等级	划分标准
特别重大事故	◆具有下列情形之一的，可视为重大事故 1. 造成死亡30人以上 2. 重伤100人以上 3. 直接经济损失1亿元以上
重大事故	◆具有下列情形之一的，可视为重大事故 1. 造成死亡在10~30人 2. 重伤在50~100人 4. 直接经济损失在5 000万元以上、1亿元以下
较大事故	◆具有下列情形之一的，可视为较大事故 1. 造成死亡3~10人 2. 重伤10~50人 3. 直接经济损失1 000万元以上、5 000万元以下
一般事故	◆具有下列情形之一的，可视为一般事故 1. 造成死亡3人以下 2. 重伤10人以下 3. 直接经济损失1 000万元以下

9.1.4　确认个人防护装备

现场存在危险因素时，参与应急救护的人员必须佩戴符合安全防护标准的个人防护装备才可以进入有关区域，个人防护装备需要根据现场情况确定。下面以化学品危害为例进行说明。

1. A级防护

当事故产生对生命和健康有即时危险的窒息性或刺激性毒物时，进入化学品中毒事故中心地带，尤其是毒物种类不明确的事故现场的应急救护人员，必须判断防护装备是否符合A级防护装备的要求。

A级化学品事故个人防护装备，包括一套安全封闭的、防化学品的服装，手套，靴子，以及一套隔绝式呼吸防护装置，可以针对周围环境中的气体和液体，为应急救护人员提供完善的保护。

2. B级防护

当事故区域毒物浓度对生命和健康有即时危险，但毒物基本不会通过皮肤吸收时，应急救护人员需要判断防护装备是否符合B级防护装备的要求。

B级防护用品用于防护种类明确的气态、液态或固态有毒化学品，主要包括一套不密闭、防溅洒、抗化学品的服装，手套，靴子，以及一套隔绝式呼吸防护装置。

3. C级防护

对于已经离开化学品事故现场的患者，如果患者衣服、皮肤沾有化学毒物，应急救护人员应当判断防护装备是否符合C级防护用品的要求。

C级个人防护装备包括一套防溅洒的服装，配有完全覆盖面部的过滤式防护装置、防护手套和防护靴。C级防护面具的滤毒罐需要定期更新。每种类型的滤毒罐使用期限不同，这与毒物的种类、浓度以及使用者的活动情况有关。超过使用时限的滤毒罐会失去吸附作用，致使吸入的化学毒物穿透面具进入人体，不能起到必要的保护作用。

9.2 分析应急救护的有效性

9.2.1 漫画解说应急救护的有效性

9.2.2 预估有效的救护时间

应急救护小组根据事故的紧急性，确定应急响应等级，从而控制有效的救护时段。

1. 应急响应等级

应急救护小组须根据事故的可控性、严重程度和影响范围，确定应急响应等级。应急响应等级可分为企业级应急响应、扩大级应急响应、车间级应急响应三个等级。具体的应急响应等级说明见表9—3。

表9—3 应急响应的等级

等级	等级说明
车间级应急响应	◆属于最低的应急响应级别，起预警作用，一般针对可以控制的异常事件或容易被控制的事件
扩大级应急响应	◆属于中级别应急响应，不会超出现场的控制界限，不会对外部人员和财产产生重大影响 ◆启动这一级别的应急响应，表明现场人员已经不能或不能立即控制事故，需专业救护人员救护
企业级应急响应	◆属于高级别应急响应，表明事故态势已扩散至控制范围之外，需要全体人员应急救护 ◆根据不同事故类型和外部人群受到的不同影响，可进行安全避难或疏散，同时需要医疗机构和其他机构人员的支持

2. 应急响应时间

应急救护人员在接到事故报告后，根据应急响应等级，及时组织相关人员进行应急救护活动，具体的响应时间要求见表9—4。

表9—4 响应时间要求

响应等级	响应时间要求
车间级应急响应	◆ 车间主任必须在10分钟内组织本车间的救护力量进行抢救
扩大级应急响应	◆ 各部门必须在20分钟内通知有关人员组成应急救护小组，并迅速按照科学有效的原则，制定现场抢险救护方案，积极组织抢救，防止事故扩大，同时保护现场
企业级应急响应	◆ 应急救护人员在最短时间内对事件报告情况进行分析评估，确定事故等级。确定为企业级应急响应时，应立即启动企业事故应急救护预案 ◆ 企业所有应急救护人员必须在30分钟内赶到事故现场、了解情况并组织抢救 ◆ 救护小组以外的人员接到指令后，必须全部到位，承担起各自的职责

9.2.3　寻找有效的救护场地

为了进行有效的应急救护，应急救护人员需寻找有效的救护场地。下面将详细介绍火灾救护场地的选择。

1. 消防车道

消防车道是消防车辆行驶的通道，应急救护人员应确保找到的消防车道符合救护实施的需求，具体的要求如图9—2所示。

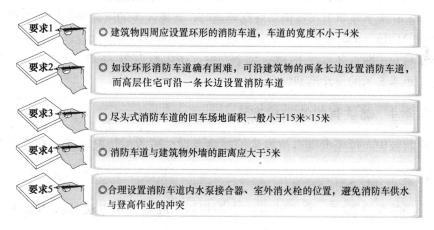

要求1 ◎ 建筑物四周应设置环形的消防车道，车道的宽度不小于4米

要求2 ◎ 如设环形消防车道确有困难，可沿建筑物的两条长边设置消防车道，而高层住宅可沿一条长边设置消防车道

要求3 ◎ 尽头式消防车道的回车场地面积一般小于15米×15米

要求4 ◎ 消防车道与建筑物外墙的距离应大于5米

要求5 ◎ 合理设置消防车道内水泵接合器、室外消火栓的位置，避免消防车供水与登高作业的冲突

图9—2　消防车道的要求

2. 登高立面

对于消防救护工作来说，登高立面的确定也十分重要。登高立面的具体要求如下所示。

（1）高层的塔式建筑物旁应保留1/4的空地作为消防登高立面，其他高层建筑物至少应留有一长边的空地。

（2）若登高立面一侧为裙房，则建筑物高度不大于 5 米，且进深不大于 4 米。

（3）消防登高立面不宜设置在大面积的玻璃幕墙旁。

3. 登高车的操作场地

对于消防救护来说，登高车是最常用的救护设备，应急救护人员在寻找救护场地时，需考虑登高车的操作场地，以便实施救护。登高车操作场地的具体要求如下。

（1）设置登高车的操作场地时，需要结合消防车道来确定。在距离建筑物外墙不小于 5 米处，设置登高立面整边为 8 米宽的登高场地，以方便人员操作登高车。

（2）上述场地设置确有困难时，可在其登高立面范围内寻找一块或若干块消防登高场地，其面积不应小于 15 米×8 米（长×宽），其最外点至登高立面边缘的水平距离不应大于建筑物高度的 15%。

（3）设有坡道的消防登高场地，其坡道长度不应大于建筑物高度的 15%。

（4）利用市政道路作为消防登高场地时，需避免市政道路两侧的绿化带、上方的架空线路、电车网架等设施影响消防车的停靠和作业。

4. 救护场地的承载

救护场地除了大小需要满足救护要求外，其承载能力也需满足要求，具体要求如下。

（1）一般市政道路和小区道路能满足非经常通行的大型消防车，但应避开地下管道、暗沟、水池、化粪池等难以承受消防车荷载的地下设施。

（2）在地下建筑上布置消防登高场地时，地下建筑的屋面楼板应能承受消防登高车的重量。消防登高车的荷载一般按照楼板的最不利点来设定，具体由消防登高车后支撑两点各承载 10 吨、每个支撑点作用面积 34 毫米×280 毫米、两支撑点间距 4.6 米的设计模型设定。

9.2.4　确认有效的救护方法

应急救护人员应根据事故发生的根源及发生事故的情况，确定有效的救护方法。

1. 应急救护方法的要求

不同的事故类型，救护的方法也不相同。应急救护方法的具体要求见表 9—5。

表 9—5　　　　　　　　　　对应急救护方法的要求

事故	类型	对应急救护方法的要求
火灾事故	仓库物资火灾事故	◆ 仓库物资大量集中，一旦发生火灾，经济损失会很大。因此，应急救护人员必须科学决策、精心布局，选择有效的救护方法
	危险化学品火灾事故	◆ 由于危险化学品的种类不同，其基本救护方法也不相同，应急救护人员需根据危险化学品的种类，选择相应的救护方法

事故	类型	对应急救护方法的要求
泄漏事故	危险化学品泄漏事故	◆ 由于引起危险化学品泄漏事故的因素比较多、事故具有突发性等特点，因此其救护方法也不相同，救护方法应符合接警快、出警快、通信器材适用等要求

2. 事故救护方法

应急救护人员应采取有效的方法进行救护，具体的救护方法如下所示。

（1）事故应急救护小组接到报告后，必须根据应急预案组织应急救护，必须做好事故信息统计工作，并及时通知企业各部门，以便各部门配合做好应急救护工作。

（2）事故应急救护小组须根据企业的相关规定及事故现场的情况，及时启动相关预案。

（3）事故应急救护小组负责事故现场的应急救护工作，根据实际需要协调相应的个人防护装备，并监督应急救护人员严格依照企业应急救护的相关规定进行救护。

（4）应急救护人员在救护过程中必须优先抢救伤员，并最大限度地抢救重要设备及资料。如遇爆炸事故，必须报相关部门进行专业排查。

（5）事故现场人员必须及时封锁现场，疏导交通，并组织疏散人员。

（6）应急救护人员须及时对受伤人员进行救护，并做好人员伤亡信息的统计。

9.2.5 检查应急预案的有效性

1. 应急预案的检查

应急救护人员在选定相应事故的应急预案之后，需对预案进行检查，确保其安全有效，具体的检查内容如图9—3所示。

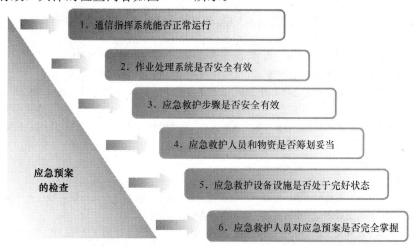

图9—3 应急预案的检查内容

2. 应急预案范例

应急救护人员在事故发生时，根据事故的类型，选择相应的、有效的应急预案，常见的应急预案有火灾事故应急预案、设备事故应急预案、中毒事故应急预案、触电事故应急预案、砸伤事故应急预案、爆炸事故应急预案、环境污染事故应急预案等。

下面是一个爆炸事故应急预案。

制度名称	爆炸事故应急预案		受控状态	
			编　　号	
执行部门		监督部门	编修部门	

一、目的

为了积极应对可能发生的爆炸事故，有序开展应急救护工作，最大限度地减少人员伤亡和财产损失，维护正常的生产秩序，结合公司的实际情况，特制定本预案。

二、爆炸事故的范围

本预案所指的爆炸是物理性爆炸（如锅炉爆炸）和化学性爆炸（如乙炔银、乙炔酮、碘化氮、氯化氮等引起的爆炸）。

三、爆炸事故应急救护组织及职责

1. 应急救护指挥领导小组

爆炸事故应急救护指挥领导小组由安全总监、安全管理部经理、消防灭火人员、警戒疏散人员、抢险抢修人员、物资供应人员、医疗救护人员、通讯协调人员组成。其中，安全总监为小组组长，安全管理部经理为副组长。

2. 应急救护指挥领导小组各成员职责

(1) 应急救护指挥领导小组组长负责宣布应急状态的启动和解除，全面指挥调动应急组织，调配应急资源，按应急程序组织实施应急抢险。

(2) 应急救护指挥领导小组副组长协助组长做好应急救护的具体指挥工作，若组长不在，则由副组长全权负责应急救护工作。

(3) 发生重大火灾或其他重大突发事件时，消防人员应立即赶到事故现场进行火灾扑救或应急抢险。

(4) 警戒疏散人员负责布置安全警戒、紧急情况下的人员疏散、维持现场秩序。

(5) 抢险抢修人员负责制定安全措施，监督检查安全措施的落实情况。

(6) 物资供应人员负责应急物资的供应，如设备零配件、沙袋、铁锹、消防泡沫、水泥、防护用品等。

(7) 医疗救护人员负责组织救护车辆和医务人员、将器材放入指定地点，组织现场抢救伤病人员。

(8) 通信协调人员负责保证应急抢险过程中的通信畅通。

四、应急预案实施程序

1. 报警

(1) 当工厂发生爆炸时，第一发现人应立即找最近的电话，拨打工厂安全管理部门报警电话，向负责安全的值班人员说明爆炸事故地点、爆炸事故类型等事故概况。

(2) 爆炸事故如发生在正常的工作时间，报警人员应直接通过电话向应急救护指挥领导小组组长和副组长汇报事故情况。

续表

<table>
<tr><td rowspan="2">制度名称</td><td colspan="3" rowspan="2">爆炸事故应急预案</td><td>受控状态</td><td></td></tr>
<tr><td>编　号</td><td></td></tr>
<tr><td>执行部门</td><td></td><td>监督部门</td><td></td><td>编修部门</td><td></td></tr>
<tr><td colspan="6">(3) 爆炸事故如发生在夜间或节假日，报警人员应向行政值班人员报警，由行政值班人员向应急救护指挥领导小组组长和副组长报告事故情况。
2. 接报
(1) 负责安全的值班人员、行政值班人员、应急救护指挥领导小组组长和副组长为接报人员。
(2) 接报人员应问清报警人的姓名、部门、联系电话，问清事故发生的时间、地点、事故原因，向上级有关部门报告并做好电话记录。
3. 抵达现场
(1) 应急救护指挥领导小组组长和副组长接到报警电话后，立即通知相关人员到达事故现场。
(2) 救护人员接到通知后，立即准备抢险装备，赶往爆炸事故现场，向组长报到，接受任务，了解现场情况，并实施统一的救护工作。
4. 设立临时指挥部和急救医疗点
(1) 救护人员进入事故现场后，选择有利地形设立现场指挥部和医疗急救站。
(2) 救护人员尽可能靠近现场指挥部，随时保持与指挥部的联系。
(3) 指挥部、医疗急救站均应设置醒目的标志，悬挂旗帜，方便救护人员和伤病人员识别。
5. 抢险救护
进入现场的救护人员要尽快按照各自的职责和任务开展救护工作。
(1) 尽快开通通信网络；迅速查明事故原因和危害程度，制定救护方案；根据爆炸事故灾情严重程度，决定是否需要外部援助；组织指挥救护行动。
(2) 着火源控制。消防人员穿戴好消防服后进行火灾扑救，如火势过大，应将着火点分割，分片扑救。
6. 现场警戒
警戒疏散人员根据划定的危害区域做好现场警戒，在通往事故现场的主要道路上实行交通管制，在警戒区的边界设置警示标识，禁止其他人员及车辆靠近。
7. 现场医疗急救
(1) 医疗救护人员在爆炸事故起始阶段就应与离工厂最近的医院联系，说明爆炸事故情况及人员伤亡情况，做好紧急救护准备。
(2) 医疗救护人员必须在第一时间对伤病人员在现场进行急救，急救时按先重后轻的原则治疗。
(3) 经现场处理后，迅速护送至医院救治。
(4) 送医院时做好伤病人员的交接，防止危重病人的多次转院。
8. 疏散撤离
(1) 事先设立安全区域。
(2) 警戒疏散人员组织、指挥、引导爆炸区域人员撤离事故现场。</td></tr>
</table>

<table>
<tr><td rowspan="3">修订记录</td><td>修订标记</td><td>修订处数</td><td>修订日期</td><td>修订执行人</td><td>审批签字</td></tr>
<tr><td></td><td></td><td></td><td></td><td></td></tr>
<tr><td></td><td></td><td></td><td></td><td></td></tr>
</table>

9.3 遵循应急救护的原则

9.3.1 漫画解说遵循应急救护原则

现场救护原则1
确保自身安全

现场救护原则2
先救命后治伤

现场救护原则3
减轻伤员痛苦

现场救护原则4
充分利用资源

9.3.2 确保自身与救护对象的安全

在应急救护过程中，应急救护人员除了要尽力抢救伤病人员和企业财产外，还应确保自身的生命健康，避免不必要的损失。对此，应急救护人员在应急救护中应遵循以下原则。

1. 自救原则

确保自身安全是指当现场发生灾难时，员工应采取自救措施。事故现场人员进行自救时，需遵循"灭、护、撤、躲、报"的原则，具体说明如图9—4所示。

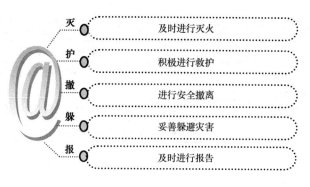

图9—4　自救行动原则

2．互救原则

事故现场人员在确定自身安全后，需了解周围人员的安全状况，发现受伤人员时，需及时进行抢救。抢救需遵循"三先三后"原则，具体说明如下所示。

（1）对窒息或心跳骤停的伤病人员，要先复苏，后搬运。

（2）对出血的伤病人员，应先止血，后搬运。

（3）对骨折的伤病人员，应先固定，后搬运。

9.3.3　遵循"先救命后治伤"的原则

事故发生后，对病伤人员进行紧急救护时，需遵循"先救命后治伤"原则。对单个病伤人员进行救治时，应先进行心、肺、脑的复苏，再进行伤病的诊治。对多个伤病人员进行救治时，应先判定伤情，再根据患者病情的轻重缓急，遵循"先救命后治伤"的原则进行救护。

1．生命体征判定标准

应急救护人员先对伤病人员进行意识、呼吸和循环等生命体征的检查，再判断病伤人员伤势的轻重。生命体征的判定标准见表9—6。

表9—6　　　　　　　　　生命体征的判定标准

判定内容	判定方法	方法名称	方法说明
呼吸判定	呼吸是否停止，用看、听、感来判定	看	◆观察胸廓的起伏，或用棉花、羽毛贴在伤病者鼻翼上，看有无摆动 ◆如胸廓吸气时上提、呼气时下降，或棉花、羽毛有摆动，则是呼吸未停，反之则呼吸已停
		听	◆耳朵尽量接近伤病者的鼻部，听是否有气体交换
		感	◆用脸感觉有无气流呼出，如有气流感，说明尚有呼吸

续表

判定内容	判定方法	方法名称	方法说明
脉搏判定	脉搏是否停止，用触、看、摸、量来检查	触	◆ 触桡动脉有无脉搏跳动，感受其强弱
		看	◆ 看头部、胸、腹、脊柱、四肢，有无损伤、大出血、骨折等
		摸	◆ 摸颈动脉有无脉搏跳动，感受其强弱
		量	◆ 量收缩压是否小于 12 kPa（90 mm 汞柱）

2. 病情的分类

病情按轻重缓急分类，可分为以下五类，具体如图 9—5 所示。

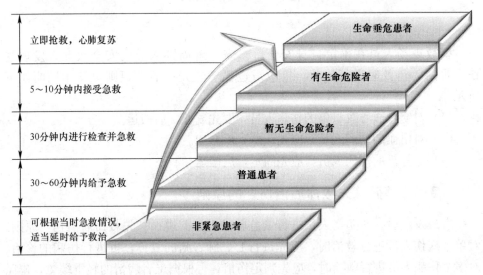

图 9—5　病情分类示意图

9.3.4　尽量减轻救护对象的痛苦

现场应急救护人员需采取及时有效的急救措施和手段，最大限度地减轻伤病人员的痛苦，降低致残率，减小死亡率。

1. 合理判断伤病人员病情

现场应急救护人员需及时对伤病人员的病情进行合理判断，及时治疗，减轻救护对象的痛苦。尤其是在情况复杂的现场，救护人员需首先确认并立即抢救伤病较重者，减轻救护对象的痛苦。

2. 遵循应急救护要求

应急救护人员在进行应急救护时，应按照"先复后固、先止后包、先重后轻、先救后运"的要求，具体内容如图 9—6 所示。

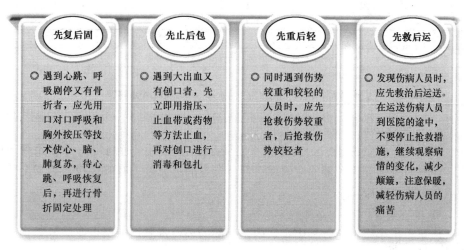

图 9—6　应急抢救的 4 项要求

3. 急救和呼救并重

遇到成批伤病人员或现场还有其他参与急救的人员时，要急救和呼救同时进行，以较快的速度争取到急救外援，减轻救护对象的痛苦。

4. 运送与急救的一致性

在运送危重伤病人员时，应与急救协调一致，争取时间，运送途中应继续进行抢救，减轻伤病人员的痛苦，减小死亡率。

5. 正确运用止痛药物

为了更好地减轻伤病人员的痛苦，应急救护人员应严格按照医学知识和有关规定，合理、及时、正确地为伤病人员涂抹或服用止痛药物。在使用止痛药物时，务必以不伤害伤病人员生命健康、不影响正常治疗为前提。

9.3.5　充分利用资源进行救护

应急救护小组应充分利用企业现有的可支配的人力、物力等资源进行救护。

1. 人力资源

企业应急救护的人力资源利用是指充分利用与生产相关的所有岗位人员，以辅助应急救护工作。

2. 装备资源

应急救护小组应充分利用企业事先配备的救护装备资源，具体见表 9—7。

表 9—7　　　　　　　　　　　　应急救护装备资源

装备类型	具体说明
运输工具	◆ 主要指企业事先配备的应急救护车辆。若事先准备的救护车辆不够用，则应及时调用或借用企业其他车辆投入到救护工作中
救护工具	◆ 包括企业事先设置的医务室和配备的担架、急救箱等救护工具

续表

装备类型	具体说明
个人防护装备	◆ 安全帽、抢险安全手套、抢险安全鞋、防静电服等
通信呼救装备	◆ 手机、对讲机等
其他物资	◆ 包括灭火器、消防水箱（蓄水）、灭火用砂、绝缘棒等

3. 资金资源

应急救护资金主要由企业年度安全管理工作规划中所制定的资金预算来确定，企业财务部等相关部门应确保这部分资金能够充分、有效地投入到安全防护与应急救护工作中。

4. 环境资源

应急救护小组可充分利用企业内、外部的环境资源，确保企业应急救护顺利实施。具体环境资源如图9—7所示。

外部环境　◎ 应急救护小组所处的地理环境、资源分布等外部环境

内部环境　◎ 内部所必需的各种建筑设施，如值班室、办公室、学习室、会议室、装备室、修理室、通信室、氧气充填室、矿灯充电室、化验室、战备器材库、汽车库、演习训练设施、运动场地等

图9—7　应急救护的环境资源

9.4　对救护对象实施紧急救护

9.4.1　漫画解说紧急救护的实施

9.4.2 切断事故源的间接救护

事故现场人员应迅速查明事故发生的源头、部位和事故状态。常见的事故源包括火源、电源。

1.切断火源

（1）灭火措施

在火灾的初期，现场人员应及时发现火灾的源头，采取正确的措施切断火源，防止火灾的扩大。具体措施如下所示。

①电器起火时应首先切断电源，断电后才可用水扑救。

②可燃物起火时，可直接用水或灭火器灭火，也可用湿棉被等覆盖在起火物上。

③油类（如食用油）起火时，不要用水灭火，要用砂子进行"扑杀"。

④一般的木器等引发的火灾，可利用建筑物内的消火栓或消防卷盘加以"消灭"。

（2）常用的灭火方法

为了扑灭大火，常见的灭火方法有抑制灭火法、隔离灭火法、窒息灭火法、冷却灭火法四种，灭火方法的具体说明见表9—8。

表9—8   常见的灭火方法

灭火方法	具体说明
抑制灭火法	◆将化学灭火剂喷入燃烧区，中止链式反应而使燃烧终止
隔离灭火法	◆将燃烧物与周围可燃物隔离，从而使燃烧终止
窒息灭火法	◆采取适当的措施，阻止空气进入燃烧区，有效减少燃烧物周围空气中的氧含量，造成大火因助燃物质缺乏或断绝氧气而熄灭
冷却灭火法	◆将灭火剂直接喷洒在可燃物上，使可燃物的温度降低到燃点以下，从而使燃烧终止

2. 切断电源

事故现场人员发现有人触电时，应立即使触电人员脱离电源，脱离电源的方法见表9—9。

表 9—9　　　　　　　　　　　　　脱离电源的方法

名称	说明
高压触电脱离方法	◆触电者触及高压带电设备时，救护人员应迅速切断相关的开关、刀闸或其他断路设备，或用适合该电压等级的绝缘工具（绝缘手套、绝缘鞋、绝缘棒），将触电者与带电设备脱离 ◆触电者未脱离高压电源前，现场救护人员不得直接用手接触触电者 ◆救护人员在抢救过程中应注意保持自身与周围带电物体必要的安全距离，保证自己免受电击
低压触电脱离方法	◆救护人员应设法迅速切断电源，如拉开电源开关、刀闸，拔除电源插头等 ◆使用绝缘工具、干燥的木棒、木板、绝缘绳等绝缘材料将触电者与带电设备脱离 ◆可抓住触电者干燥而不贴身的衣服，将其拖开，切记要避免碰到金属物体和触电者的裸露身体 ◆用绝缘手套或将手用干燥衣物包起将触电者与带电设备脱离 ◆救护人员可站在绝缘垫或干木板上进行救护，为使触电者脱离导电体，最好用一只手进行

3. 泄漏堵漏

应急救护人员需采取有效的堵漏方法，对危险化学品泄漏源进行控制，避免危险化学品的进一步扩散。具体的泄漏堵漏措施如图9—8所示。

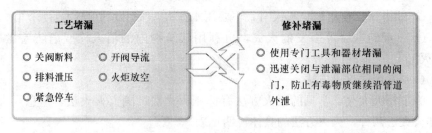

图 9—8　泄漏堵漏方法

9.4.3　对有生命体征伤员的救护

在对伤病人员的救护过程中，应急救护人员应首先判断伤病人员的生命体征，并根据伤病严重程度，按照相关规定进行紧急救护。

1. 生命状况的判断

应急救护人员接触伤病人员时，应首先对伤病人员的生命体征进行判断，确定是否存在呼吸和脉搏，从而确定患者的生命状况。伤病人员具体的生命状况和应对办法见表9—10。

表9—10　　　　　　　　伤病人员的生命状况和应对办法

生命状况	生命状况特征	应对办法
神志清醒	神志清醒，但感到乏力、头昏、心悸、出冷汗，甚至恶心、呕吐	◆ 让病人就地安静休息，减轻心脏负担，加快身体恢复 ◆ 情况严重时，应立即送往医院检查治疗
神志昏迷	呼吸、心跳尚存在，但神志昏迷	◆ 应让病人仰卧，周围空气要流通，并注意保暖 ◆ 除了要严密观察外，还要做好人工呼吸和心脏挤压的准备工作
"假死"状态	呼吸停止、心脏停止跳动	◆ 如经检查发现，病人处于"假死"状态，则应立即针对不同类型的"假死"进行对症处理 ◆ 如果呼吸停止，应用口对口的人工呼吸法来维持气体交换 ◆ 如心脏停止跳动，应用体外人工心脏挤压法来维持血液循环

2. 心肺复苏

班组成员针对患者的"假死"情况，应进行正确的人工呼吸和体外人工心脏挤压来恢复其生命，如拖延时间、动作迟缓或者救护不当，可能造成人员伤亡。心肺复苏的具体方法见表9—11。

表9—11　　　　　　　　心肺复苏的方法说明表

方法	步骤说明
口对口人工呼吸法	◆ 将伤病人员仰面平放，背部垫起100～150 mm ◆ 救护人员跪在伤病人员头部一侧，一只手捏紧伤病鼻子，一只手掰开嘴 ◆ 救护人员先深吸一口气，然后紧贴伤病人员的嘴大口吹气 ◆ 吹气完毕后要立即离开伤病人员的嘴，并松开伤员的鼻子，使其自己呼吸 ◆ 按以上步骤依次反复操作，有节律地每分钟做14～16次，直到恢复呼吸为止
体外心脏挤压法	◆ 伤病人员要仰卧在硬板上或平地上，头低于心脏或抬高两下肢，以利于静脉回流。用双手压迫法，以保证按压效果 ◆ 救护人员将一手的掌根部按压在伤病人员胸骨正中的中下1/3处，另一手交叉重叠在该手的手背上，保持两手掌根部平行，手指伸直或手指交叉，但不要接触胸壁 ◆ 救护人员两个肢肘挺直，利用体重和肩、臀部肌肉的力量垂直地向脊椎部位按压，使胸骨下段及其相连的肋骨下陷30～40 mm ◆ 随即突然放松，手掌根随胸骨弹力回复到原来位置，但手掌根部不要抬离开皮肤，以免再按压时呈拍击状而分散按压力量，放松手的时间和按压胸骨的时间应该相等 ◆ 每分钟连续进行60次操作，即每秒1次

续表

方法	步骤说明
综合方法	◆ 有时伤病人员心跳、呼吸停止，而急救则只有一人时，可同时进行口对口人工呼吸和体外心脏挤压 ◆ 先吹两次气，立即进行 15 次挤压，然后再吹两次气，再挤压，反复交替进行

9.4.4 对伤员的紧急救护

应急救护人员在对伤病人员进行心肺复苏之后，需对其伤患进行处理。安全事故常见的伤患包括创伤、烧伤、骨折等。

1. 创伤急救

创伤是企业中常见的安全事故，应急救护人员对受伤患者需采取适当的处理办法，避免损伤加重。创伤分为开放性创伤和闭合性创伤，应急救护人员应分别进行处理，具体的救护方法见表 9—12。

表 9—12　　　　　　　　　　创伤救护方法一览表

类别	常见创伤	救护说明
开放性创伤	擦伤、切割伤、撕裂伤、刺伤、撕脱	◆ 消毒：用清洁的水冲洗伤口，用生理盐水和酒精棉球将伤口和周围的皮肤清理干净，并用干净的纱布吸收水分和渗血，再用酒精等药物进行初步消毒 ◆ 止血：在现场处理时，应根据出血类型和部位的不同，采用不同的止血方法，如直接压迫、抬高肢体、压迫供血动脉、包扎等
闭合性创伤	挫伤、挤压伤	◆ 较轻的闭合性创伤，如局部挫伤、皮下出血，可在受伤部位进行冷敷，以防止组织继续肿胀，减少皮下出血 ◆ 不能随意搬运患者，应按照正确的搬运方法进行搬运 ◆ 如怀疑有内伤，应尽早对伤病人员进行医疗处理。运送伤病人员时要采取卧位，小心搬运，注意保持伤病人员呼吸道畅通，注意防止休克 ◆ 运送过程中，如突然出现呼吸、心跳骤停，应立即采取人工呼吸和体外心脏挤压法等急救措施

2. 烧伤急救

作业人员出现烧伤事故时，应急救护人员可根据实际情况采取以下三种急救方法，如图 9—9 所示。

3. 骨折急救

当作业人员出现骨折时，应急救护人员可采取以下方法进行急救，如图 9—10 所示。

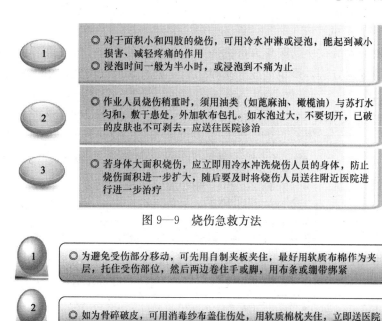

图9—9　烧伤急救方法

1. 对于面积小和四肢的烧伤，可用冷水冲淋或浸泡，能起到减小损害、减轻疼痛的作用
   浸泡时间一般为半小时，或浸泡到不痛为止

2. 作业人员烧伤稍重时，须用油类（如蓖麻油、橄榄油）与苏打水匀和，敷于患处，外加软布包扎。如水泡过大，不要切开，已破的皮肤也不可剥去，应送往医院诊治

3. 若身体大面积烧伤，应立即用冷水冲洗烧伤人员的身体，防止烧伤面积进一步扩大，随后要及时将烧伤人员送往附近医院进行进一步治疗

图9—10　骨折急救方法

1. 为避免受伤部分移动，可先用自制夹板夹住，最好用软质布棉作为夹层，托住受伤部位，然后两边卷住手或脚，用布条或绷带绑紧

2. 如为骨碎破皮，可用消毒纱布盖住伤处，用软质棉枕夹住，立即送医院

3. 如怀疑手或脚骨折，不能让伤者用手着力或用脚走路，夹板或绷带不可绑得太紧

9.4.5　送往医疗机构医治救护

在对伤病人员进行紧急救护之后，应急救护人员需及时协助医务人员把病人抬上急救车送往医院抢救。在运送过程中，应急救护人员应注意伤病人员的固定和搬运。

1. 伤病人员的固定

伤病人员送往医院时，首先应对伤病人员骨折的部位进行临时固定，固定伤病人员的注意事项如图9—11所示。

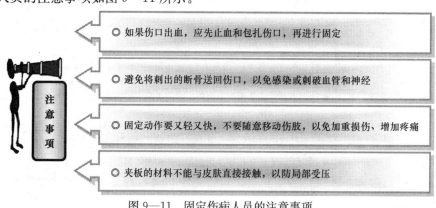

注意事项

◎ 如果伤口出血，应先止血和包扎伤口，再进行固定

◎ 避免将刺出的断骨送回伤口，以免感染或刺破血管和神经

◎ 固定动作要又轻又快，不要随意移动伤肢，以免加重损伤、增加疼痛

◎ 夹板的材料不能与皮肤直接接触，以防局部受压

图9—11　固定伤病人员的注意事项

2. 伤病人员的搬运

应急救护人员在协助医务人员把病人抬上急救车、运往医院进行抢救时，需采取正确的搬运方法，避免造成二次损伤。常见的搬运方法见表9—13。

表 9—13   搬运方法说明表

类型	搬运方法	具体说明
徒手搬运	搀扶	◆适用于病情较轻、能够站立行走的伤病人员 ◆由一个或两个救助者托住伤病人员腋下，也可由伤病人员将手臂搭在救助者肩上 ◆救助者用一只手拉住伤病人员手腕，另一只手扶伤病人员腰部，然后与伤病人员一起缓慢移步
	背驮	◆适用于搬运清醒、体重轻、可站立，但不能独自行走的伤病人员 ◆救助者背对伤病人员蹲下，然后将伤病人员上肢拉向自己胸前，用双臂托住伤病人员的大腿，双手握紧腰带 ◆救助者站直后，上身略向前倾斜行走 ◆呼吸困难的伤病人员，如哮喘以及胸部创伤的伤病人员，不宜用此法
	抱持	◆多适用于对单个救助者的搬运 ◆将伤病人员的双臂搭在自己肩上，然后一只手抱住伤病人员的背部，另一只手托起腿部
	双人搭椅	◆适用于意识清醒并能配合救助者的伤病人员 ◆两个救助者对立于伤病人员两侧，然后两人弯腰，各以一只手伸入伤病人员大腿后下方呈十字交叉紧握，另一只手彼此交叉支持伤病人员背部 ◆救助者右手紧握自己的左手手腕，左手紧握另一救助者的右手手腕，以形成口字形
	拉车式	◆适用于搬运没有骨折的伤病人员，需两名救助者 ◆一个救助者站在伤病人员后面，两手从伤病人员腋下将其头抱在自己怀内，另一救助者蹲在伤病人员两腿中间，双臂夹住伤病人员的两腿，然后两人步调一致，慢慢将伤病人员抬起
器械搬运	担架搬运	◆保持伤病人员足部向前、头部向后，以便在后面抬担架的人观察伤病人员 ◆将伤病人员抬上担架后必须系好安全带，以防止翻落或跌落 ◆向高处抬时，前面抬担架的人要将担架放低，后面的人要抬高，使伤病人员保持水平状态；向低处抬时则相反 ◆担架上车后应予以固定，伤病人员头部位置应与车辆前进的方向相反，以免晕厥，加重病情
	床单、被褥搬运	◆取一条结实的床单（被褥、毛毯也可），平铺在床上或地上，将伤病人员轻轻地搬到床单上 ◆救助者面对面紧抓被单两角，脚前头后（上楼则相反）缓慢移动，搬运时最好有人托腰 ◆此方式容易造成伤病人员肢体弯曲，故有胸部创伤、四肢骨折、脊柱损伤以及呼吸困难的伤病人员不宜用此法
	椅子搬运	◆伤病人员采用坐位，并用宽布条或绷带将其固定在椅背上 ◆两个救助者一人抓住椅背，另一人紧握椅脚，以45°角向椅背方向倾斜，缓慢地移动脚步 ◆注意：失去知觉的伤病人员不宜用此法

第 10 章

优秀班组防护与救护改进

10.1 总结防护与救护实施过程

10.1.1 漫画解说防护与救护总结

10.1.2 事故原因的分析方法

导致事故发生的原因有很多,这些原因错综复杂地交织在一起。发生生产事故后,生产企业只有准确地找出问题产生的根源,才能从根本上解决问题,进而避免事故的再次发生。事故原因的分析方法有很多,最常见的分析方法有因果分析图法、事故树分析法。

1. 因果分析图法

因果分析图是寻找问题产生原因的一种有效方法，又称特性要素图和鱼刺图，这种方法能清晰、有效地整理和分析出事故原因和各原因之间的关系。

因果分析图是用锁头表示小原因、中原因、大原因、某种结果之间的因果关系的图形，通过对某一结果的分析，绘制因果图，查明和确认事故发生的主要原因。因果分析图主要的绘制步骤如图 10—1 所示。

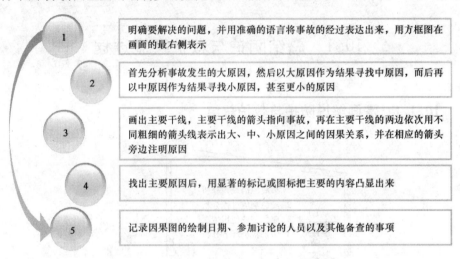

图 10—1　因果分析图的绘制步骤

以下是设备漏油造成生产事故的因果分析示意图，如图 10—2 所示。

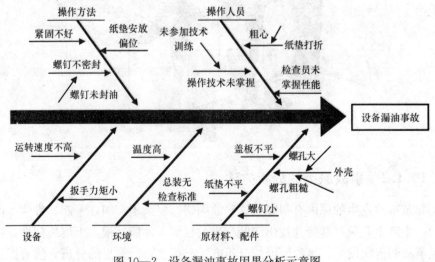

图 10—2　设备漏油事故因果分析示意图

2. 事故树分析法

事故树分析法（Accident Tree Analysis，简称 ATA）起源于故障树分析法（Fault Tree Analysis，简称 FTA），由美国贝尔电话研究所在 1961 年提出。事故树分析方法通过定性分析与定量分析对事故的各环节进行分析，找出事故发生的基本原因和基本原因的组合。事故树分析的一般程序如图 10—3 所示。

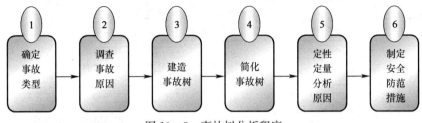

图 10—3　事故树分析程序

油库静电爆炸事故的事故树分析图如图 10—4 所示。

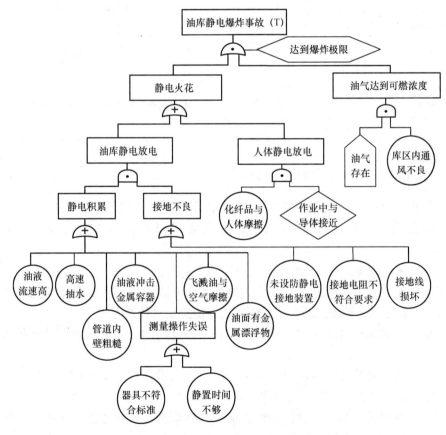

图 10—4　油库静电爆炸事故的事故树分析图

注：油库静电爆炸事故的事故树分析图中符号意义见表 10—1。

表 10—1　　　　　　　　　　　事故树符号说明表

类型	符号	意义
事件符号	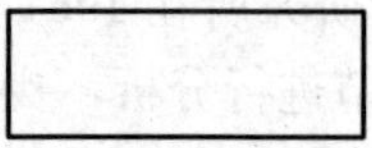	◆中间事件符号，表示需要进一步往下分析的事件
	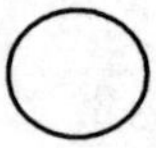	◆基本事件符号，表示不能再往下分的事件
	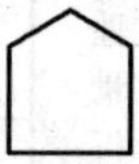	◆正常事件符号，表示正常情况下存在的事件
	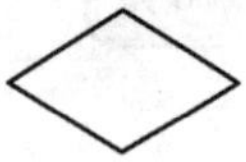	◆省略事件符号，表示不能或不需要向下分析的事件
逻辑门符号		◆或门符号，表示 A_1 或 A_2 事件单独发生时，B 事件都可能发生
		◆与门符号，表示 A_1、A_2 两个事件同时发生时，B 事件才能发生
	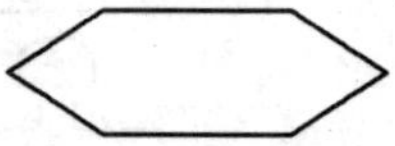	◆条件符号，表示只有满足条件 ∂ 的情况下，A_1、A_2 两个事件才会同时发生

10.1.3　应急响应的过程分析

企业事故应急响应程序按实施过程可分为报警、接警、应急响应级别确定、应急启动、应急救护行动、应急恢复等过程，具体程序如图 10—5 所示。

企业在进行应急响应工作时，应注意以下内容。

1. 保证企业内部应急救护电话时刻畅通，并设有专门人员负责应急救护电话的接听、记录、初步判断响应级别、进行应急信息传递等相关工作。

2. 为了确保报警及时，企业应设置并公布专门的报警电话和应急救护人员的手机号码。

3. 在接到报警通知后，企业相关部门应积极做好应急救护物品、装备的保障工作，确保应急救护工作的顺利进行。

4. 接到报警通知后，救护小组人员应积极调整自己的心态，为应急救护工作做好充分的心理准备。

5. 在进行应急救护工作时，应先确定事故现场的安全，有效维护现场秩序，

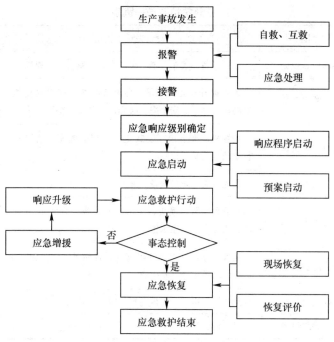

图 10—5　应急响应程序

防范事故的扩大。

6. 在进行应急救护工作中，企业应根据实际情况适当借助外部应急救护资源，有效推动应急救护工作，减少事故损失。

7. 在进行伤病人员搬运时，应急救护人员应严格按照预案要求和医学规定，确保搬运过程中的人员安全。

8. 在进行应急救护过程中，企业应确保人员的生命健康，务必避免人员的伤亡。

9. 应急救护工作结束后，企业应召开有关总结表彰大会，表彰在应急救护过程中表现优秀的员工，同时总结救护工作经验，吸取经验教训，为下次应急救护工作做好准备。

10.1.4　救护装备的管理情况

为了加强应急救护装备的管理，企业在生产事故处理完成后，应重点总结救护装备在生产事故中的使用情况，检查救护装备是否正确使用。另外，企业还应指派相关人员做好救护装备的日常管理和维护工作，保证救护装备的完好状态，以便日后使用。

1. 应急救护装备的种类

企业应对以下应急救护装备的使用情况进行总结，具体内容见表 10—2。

表 10—2 应急救护装备一览表

序号	范围	设备设施、器材	所在单位
1	拆除设备设施	破拆设备、叉车、推土机、金属切割机、电焊机	作业现场
2	高空抢险设备设施	起重提升设备、塔吊、单绳卷扬机、多绳卷扬机、登高车、梯子、安全绳、缓降器、救生气垫	作业现场
3	建筑抢险设备设施	挖掘机、推土机、装载机、工程运输车、清障车、行车信号工具等设备	作业现场
4	地下救治设备设施	强光照明、防护装备、通风机、发电机	作业现场
5	消防设备设施	输水装置软管、喷头、便携式灭火器、抽水泵、照明车、指挥车、高压水枪、登高车	作业现场
6	个人防护设备	氧气呼吸器、空气呼吸器、防毒面具、防护服、防护靴、防护手套、救生衣	应急救护队伍
7	医疗支持设备	救护车、担架、夹板、氧气瓶、急救箱	应急救护队伍
8	通信联络设备	对讲机、移动电话、电话、传真机、电报等	作业现场

2. 应急救护装备的管理

为了保障应急救护装备、物品、药品处于良好状态，保障在发生事故时能够提供充足的物资，企业实行规范化、科学化、系统化的救护装备管理就显得尤为重要。具体的管理要求如下所示。

（1）非生产事故时，任何部门和个人都不准使用和玩耍救护装备。如遇特殊情况确需使用时，需经安全管理部许可后方可使用。

（2）严禁擅自挪用、拆除救护装备，对破坏救护装备的行为予以严肃处理。

（3）按有关规定为员工配备救护装备，并按照要求合理配备应急药品。

（4）安全管理部对救护装备的使用情况进行定期巡检，按照救护装备性能的要求，每月或每年进行一次检查，对达不到标准的救护装备要及时更换或维修。

10.1.5　防护与救护环节分析

应急防护与救护环节主要是指企业在遇到事故时所采取的应急救护活动，主要包括四个环节，即应急指挥环节、应急响应环节、应急救护环节和应急恢复环节，具体的内容如图 10—6 所示。

◎ 应急指挥环节是应急运作的开始，一般分为集中指挥与现场指挥、场外指挥与场内指挥

◎ 在这一环节所有参与应急活动的人员和单位，都必须在应急指挥热源的统一组织协调下进行应急运作

◎ 应急响应是企业针对事故而制定的各种应急方案

◎ 在应急响应环节中应实行分级响应，影响应急级别提高的主要原因是事故的危险程度和影响范围，以及应急人员控制事态的能力

◎ 应急救护环节是迅速控制事故发展，组织营救受害人员，保护危险区域的其他人员的过程

◎ 通过对事故的分析，测定事故的危险区域、危害性质及危害程度，以消除危害后果

◎ 应急恢复是事故得到控制后，作业现场恢复正常生产状态而采取的措施或行动

◎ 应急恢复时间的长短是由破坏程度，人力、物力、财力和技术的支持，相关法律法规决定的

图 10—6　应急防护与救护的四个环节

10.2　查找防护与救护的问题所在

10.2.1　漫画解说防护与救护的问题

10.2.2　查找防护与救护的预案问题

为了改进班组防护与救护工作，企业应在生产事故处理后，组织相关人员召开安全防护与救护总结会议，找出防护与救护预案中存在的问题，并制定改进措施，避免类似问题的重复出现。经过总结，预案中常出现的问题主要包括构想、制订、应用、管理等方面，具体如图10—7所示。

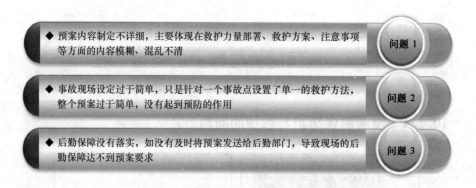

◆ 预案内容制定不详细，主要体现在救护力量部署、救护方案、注意事项等方面的内容模糊、混乱不清　　问题1

◆ 事故现场设定过于简单，只是针对一个事故点设置了单一的救护方法，整个预案过于简单，没有起到预防的作用　　问题2

◆ 后勤保障没有落实，如没有及时将预案发送给后勤部门，导致现场的后勤保障达不到预案要求　　问题3

图10—7　防护与救护预案存在的问题

10.2.3　查找应急响应的问题

生产企业为了应对生产事故，已建立了相应的应急响应体系，但在应急救护过程中还存在着仅靠人工操作、信息化程度不够等问题。企业应结合各自行业容易发生的生产事故的实际情况，查找应急响应目前存在的主要问题，改进安全防护与救护工作。应急响应具体存在的问题如图10—8所示。

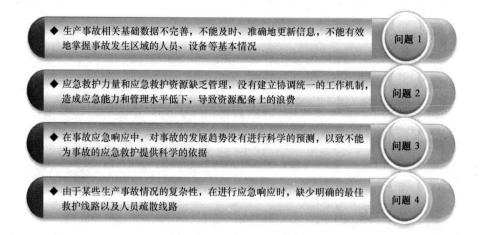

图 10—8　应急响应存在的问题

10.2.4　查找防护与救护的方法问题

班组人员在事故现场对伤病人员进行救护时，有些人员因没有经过专业的培训或经验不足，使用了一些错误的急救搬运、创伤止血、包扎等防护与救护方法，导致伤病人员病情恶化，影响了专业救护人员的救护工作。防护与救护的方法在使用中常出现的问题主要包括以下几个方面，如图 10—9 所示。

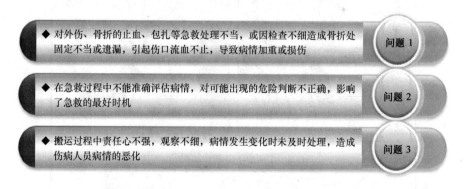

图 10—9　防护与救护方法存在的问题

10.2.5　查找防护与救护的装备问题

防护与救护装备在抢救伤病人员与急、危、重病人的过程中，发挥了不可替代的重要作用。生产企业应事先备好防护与救护的装备，在遇到生产事故时，能够第一时间为救护伤病人员提供物质保障。这些装备在使用和维护工作中会出现一些问题，班组人员应引起注意。具体应注意的问题如图 10—10 所示。

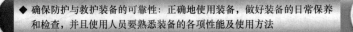

◆ 确保防护与救护装备的可靠性：正确地使用装备，做好装备的日常保养和检查，并且使用人员要熟悉装备的各项性能及使用方法　　问题 1

◆ 提高防护与救护装备的安全性：特别注意装备组合的安全使用，及时处理存在的问题，将安全隐患消灭在萌芽阶段　　问题 2

◆ 加大防护与救护装备的有效性：定期维护检测装备，时刻保持装备的良好性能，保证急救时装备的有效性　　问题 3

图 10—10　防护与救护装备需要注意的问题

10.3　完善防护与救护应急预案

10.3.1　漫画解说应急预案的完善

10.3.2 完善救护组织的职能分工

企业一般会成立生产事故应急救护领导委员会，下设伤病人员救护小组、物资抢救小组、消防灭火小组、保卫疏导小组、抢险物资供应小组、技术处理小组、后勤供应小组、现场临时医疗小组等工作组。

对于各工作组的职能，企业生产事故应急救护领导委员会应根据事故的性质、严重性、发生频率等因素进行完善，确保救护职责清晰、分工明确，从而保证救护工作能够有效、有序地进行。各生产事故应急救护工作组的具体职能介绍见表 10—3。

表 10—3 　　　　　生产事故应急救护工作组职能分工一览表

救护组织	具体职能
伤病人员救护小组	◆引导现场作业人员从安全通道疏散 ◆营救受伤人员至安全地带
物资抢救小组	◆抢运可以转移的场区内的物资 ◆转移可能成为新危险源的物品到安全地带
消防灭火小组	◆用场区内的消防灭火装置和器材进行初期的消防灭火 ◆协助消防部门进行消防灭火的辅助工作
保卫疏导小组	◆对场区内外进行有效的隔离、保持现场应急救护通道的畅通 ◆引导场区外的人员撤出危险地带
抢险物资供应小组	◆迅速调配抢险物资和设备至事故发生地点 ◆提供和检查抢险人员的装备 ◆及时提供后续的抢险物资
后勤供应小组	◆迅速组织后勤供给必需的物品 ◆及时输送后勤供给物品到抢险人员手中 ◆做好伤亡人员及家属的稳定工作，做好受伤人员医疗救护的跟踪工作，与保险部门做好伤亡人员及财产损失的理赔工作
现场临时医疗小组	◆对受伤人员进行简单的抢救和包扎 ◆及时将重伤人员转移到医疗机构就医
技术处理小组	◆根据现场作业的内容和特点制定解决方案，为事故现场提供有效的技术支持 ◆应急预案启动后，根据事故现场的特点，及时向各应急救护小组提供科学的技术方案和支持，有效地指导应急救护中的技术工作 ◆保护事故现场，调查了解事故发生的主要原因及相关人员的责任

10.3.3 完善应急预案环节的细则

企业为应对各种突发重大事故，必须制定切实可行的应急预案。班组人员必须按照应急预案处理生产事故，展开救护工作。因此，完善应急预案各环节的细则也是企业必须进行的工作之一，只有完善了实施细则，班组人员才能正确地进行应急救护，减少人员的伤亡和财产的损失。企业可从图10—11所示的四个方面来完善应急预案环节的细则。

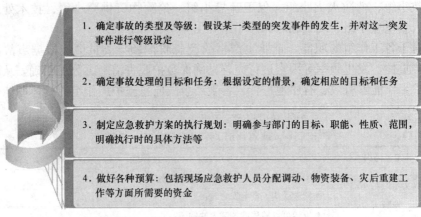

1．确定事故的类型及等级：假设某一类型的突发事件的发生，并对这一突发事件进行等级设定

2．确定事故处理的目标和任务：根据设定的情景，确定相应的目标和任务

3．制定应急救护方案的执行规划：明确参与部门的目标、职能、性质、范围，明确执行时的具体方法等

4．做好各种预算：包括现场应急救护人员分配调动、物资装备、灾后重建工作等方面所需要的资金

图10—11　完善应急预案各细则的内容

10.3.4　完善应急预案的相关方案

为了规范企业安全生产事故应急管理，提高处置安全生产事故的能力，企业应完善应急预案的相关方案。企业只有认真做好完善应急预案相关方案的工作，制定正确的处理措施，才能减少人员的伤亡和财产的损失。完善应急预案相关方案的具体原则如图10—12所示。

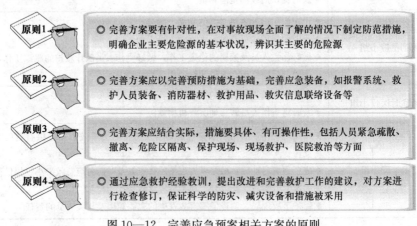

原则1　完善方案要有针对性，在对事故现场全面了解的情况下制定防范措施，明确企业主要危险源的基本状况，辨识其主要的危险源

原则2　完善方案应以完善预防措施为基础，完善应急装备，如报警系统、救护人员装备、消防器材、救护用品、救灾信息联络设备等

原则3　完善方案应结合实际，措施要具体、有可操作性，包括人员紧急疏散、撤离、危险区隔离、保护现场、现场救护、医院救治等方面

原则4　通过应急救护经验教训，提出改进和完善救护工作的建议，对方案进行检查修订，保证科学的防灾、减灾设备和措施被采用

图10—12　完善应急预案相关方案的原则

10.3.5　完善应急预案的信息共享

企业应集合各领域专业技术人员组成应急救护专家队，建设应急救护安全生

产应急平台，不断完善应急预案资源信息共享，确保各种突发信息及时报告、及时传递、及时处置。

　　完善应急预案的信息共享，可以避免误报、迟报、瞒报、漏报等情况的发生，有利于救护物资、人员资源的查询与调度，使应急救护工作更加有效地进行。企业完善应急预案的信息共享的具体内容如图 10—13 所示。

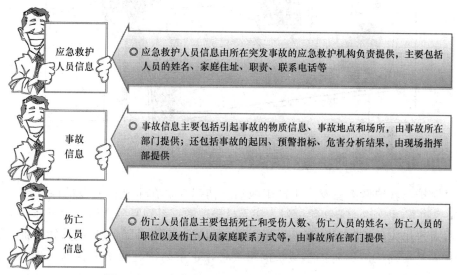

图 10—13　完善应急预案的信息共享的具体内容

10.4　增加防护与救护培训内容

10.4.1　漫画解说防护与救护培训

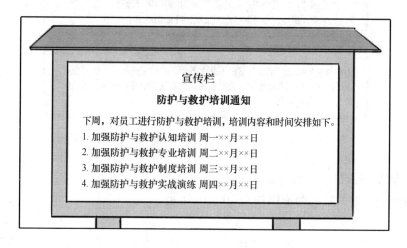

10.4.2 加强防护与救护认知培训

防护与救护是指在发生生产事故后，伤病人员在未获得专业的医疗救助之前，为了防止伤亡形势恶化而对伤病人员采取的一系列紧急措施。为了降低生产事故对班组人员的健康伤害，企业应在内部加强有关防护与救护的认知培训，让救护人员正确认识到防护与救护的重要性，了解防护与救护的目的、范围、特点、原则等内容。

1. 防护与救护的目的与范围

防护与救护的目的与范围如图 10—14 所示。

防护与救护的目的

1. 抢救、维持伤病人员的生命，降低死亡率
2. 改变病情，减轻伤病人员的痛苦，防止病情继续恶化
3. 减少意外损坏，尽可能防止并发症，降低伤残率

防护与救护的范围

防护与救护的范围至少包括以下几个方面：火灾烧烫伤、外伤缝合、骨折固定、伤病人员搬运、触电伤害、有毒气体中毒、创伤流血、眼睛受伤、高寒冻伤、化学药品灼伤等

图 10—14 防护与救护目的与范围

2. 防护与救护的特点与原则

防护与救护的特点与原则如图 10—15 所示。

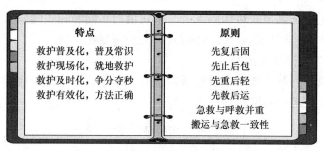

图 10—15　防护与救护的特点与原则

10.4.3　加强防护与救护专业培训

企业除了要加强班组人员对防护与救护的认知外，还应向班组人员普及防护与救护的专业知识，让班组人员正确掌握先进的基本防护救护理念和技能。具体的专业培训内容如下所示。

1. 防护与救护的步骤

在遇到生产事故时，班组人员或是在场的员工要保持沉着冷静，详细检查伤病人员的情况，按照正确的防护与救护步骤进行。总体来说，防护与救护应按照以下步骤进行。

（1）紧急呼救。在作业现场，一旦发生人员伤亡，经过现场评估和病情判断后需要立即救护，同时立即拨打 120 急救电话。

（2）判断病情。在场的班组人员应对伤病人员进行必要的现场处理，具体处理措施如图 10—16 所示。

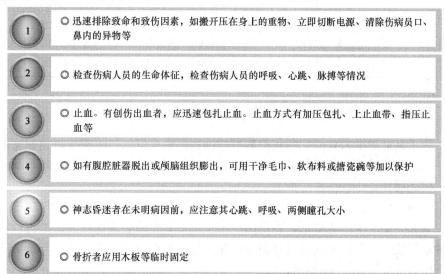

图 10—16　作业人员现场处理措施

（3）迅速、正确地搬运伤病人员。按病情的不同和轻重缓急选择适当的工具进行搬运。运送途中应随时关注伤病人员的病情变化。

2.防护与救护基本技术

防护与救护的基本技术主要包括紧急心肺复苏技术、骨折固定技术、止血技术、创伤包扎技术以及搬运伤病人员技术，具体的内容见表10—4。

表10—4　　　　　　　　　防护与救护的基本技术一览表

基本技术	具体内容
紧急心肺复苏技术	◆触电或气体中毒事故发生时，如果发现伤病人员意识突然丧失，并伴有大动脉搏动小、无呼吸时，就说明可能出现了心脏骤停，需要立即进行心脏复苏 ◆紧急心肺复苏技术的步骤为调整体位、开放气道、口对口人工呼吸、胸外按压
骨折固定技术	◆骨折或怀疑骨折的伤病人员，均必须在现场立即采取骨折临时固定措施。常见的骨折固定方法有上臂骨折固定法、前臂骨折固定法、腰椎骨折固定法、头颅部骨折固定法、小腿骨折固定法等 ◆骨折处应用夹板临时固定，常用的有木质、铁质、塑料质临时夹板。如无临时夹板，可就地取材，用木板、木棍、树枝、竹竿、硬纸板等临时代替
止血技术	◆外伤出血分为内出血和外出血，外出血是现场防护与救护的重点。常见的止血方法有直接压迫止血法、指压动脉止血法、加压包扎止血法、填塞止血法、止血带止血法
创伤包扎技术	◆包扎的目的是保护伤口、减少污染、固定敷料和帮助止血。常见的包扎方法有环形包扎法、螺旋形包扎法、螺旋反折包扎法、头顶双绷带包扎法
搬运伤病人员技术	◆搬运伤病人员的目的是使伤病人员迅速脱离危险地带，纠正当时影响病情的体位，减轻痛苦和伤害 ◆搬运伤病人员的方法有单手搬运法、双人搬运法、多人搬运法、自制担架法、车辆搬运法等，搬运的方法应根据当地、当时的器材和人力而定

10.4.4　加强防护与救护制度培训

为了保证班组人员防护与救护的顺利进行，企业应加强防护与救护制度的培训，加强全体员工对制度的学习和深层次的理解，让员工认识到遵守防护与救护制度的必要性。

严格执行国家颁布的相关法律、法规和企业制定的防护与救护管理制度，既是企业保持稳定生产的要求，也是保护员工生命安全的必然选择。防护与救护制度的培训使员工积极主动地遵守制度，保障自身和企业的安全。防护与救护制度培训的意义如图10—17所示。

1　班组人员参加防护与救护制度的培训，可以提高自己对防护与救护的思想认识，增强遵纪守法的自觉性

2　班组人员通过学习防护与救护制度，进一步熟悉了防护与救护制度与专业救护技能的相关性，以便班组人员在制度的基础上熟练运用这些技能

3　班组人员通过学习防护与救护制度，认识到自己现场救护的不安全行为，并自觉地加以纠正，保障现场救护能够顺利进行

4　班组人员通过学习防护与救护制度，一方面能帮助员工合理进行现场救护，另一方面保证企业能够进行正常的生产经营管理

图 10—17　加强防护与救护制度培训的意义

10.4.5　加强防护与救护实战演练

班组人员作为生产企业的一线员工，应熟悉和掌握安全生产事故的防护与救护。企业应针对不同的生产事故，加强班组人员防护与救护的实战演练，使班组人员在遇到生产事故时能够冷静、沉着地应对。防护与救护实战演练的主要内容如图 10—18 所示。

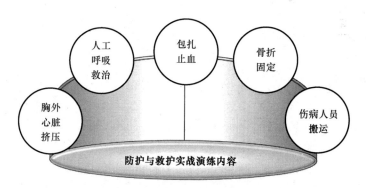

图 10—18　防护与救护实战演练内容

为了让班组人员更清晰地掌握防护与救护的基本知识，图 10—19 详细介绍了紧急心肺复苏的实战演练步骤。

1．判断伤病人员有无意识

2．判断伤病人员有无自主呼吸、心跳

3．解开伤病人员的衣领、腰带

4．清除口、鼻、咽腔内的异物、分泌物，畅通气道

5．托起下颌，捏紧鼻孔，口对口往里吹气

6．双手交叉放在胸口，掌根紧贴胸肋，连续挤压

7．判断复苏是否成功

图 10—19　紧急心肺复苏实战演练步骤